江苏省南水北调尾水导流工程对输水干线水质改善及区域环境影响的损益研究

孙付华 张胜男 沈菊琴 张丹丹 严士锋◎著

U0395458

河海大学出版社
HOHAI UNIVERSITY PRESS
·南京·

图书在版编目(CIP)数据

江苏省南水北调尾水导流工程对输水干线水质改善及
区域环境影响的损益研究 / 孙付华等著. -- 南京：河
海大学出版社，2024. 11. -- ISBN 978-7-5630-9467-7

Ⅰ. TV68；X32

中国国家版本馆 CIP 数据核字第 20248MX225 号

书　　名	江苏省南水北调尾水导流工程对输水干线水质改善及区域环境影响的损益研究	
	JIANGSUSHENG NANSHUIBEIDIAO WEISHUI DAOLIU GONGCHENG DUI SHUSHUI GANXIAN SHUIZHI GAISHAN JI QUYU HUANJING YINGXIANG DE SUNYI YANJIU	
书　　号	ISBN 978-7-5630-9467-7	
责任编辑	吴　淼	
特约校对	丁　甲	
装帧设计	槿容轩	
出版发行	河海大学出版社	
地　　址	南京市西康路 1 号(邮编：210098)	
网　　址	http://www.hhup.com	
电　　话	(025)83737852(总编室)　(025)83722833(营销部)	
经　　销	江苏省新华发行集团有限公司	
排　　版	南京布克文化发展有限公司	
印　　刷	广东虎彩云印刷有限公司	
开　　本	787 毫米×1092 毫米　1/16	
印　　张	12.5	
字　　数	266 千字	
版　　次	2024 年 11 月第 1 版	
印　　次	2024 年 11 月第 1 次印刷	
定　　价	98.00 元	

编写组成员

负责人：

张劲松　孙付华　郑在洲　张树麟　沈　健

参加人员：

张丹丹　沈菊琴　杨金海　聂永平　薛刘宇

吴海军　陆　奇　倪效欣　贾亦真　胡玉露

傅宇瑾　沈城吉　曹秋迪　张胜男　王　峰

前言
preface

　　生态文明建设是关系党的使命宗旨的重大政治问题,是关系民生福祉的重大社会问题。近年来,随着我国城镇化进程的加快,国家着眼于生态文明建设全局,统筹水资源、水环境、水生态治理,针对水环境治理的多项政策密集出台,凸显出政府对于水环境危机治理的重视与决心。南水北调东线工程即国家战略东线工程,是南水北调工程东部输水大动脉,对缓解西北地区、华北平原中西部和华北平原东部水资源的严重不足具有重要的意义。为确保南水北调输水干线水质长期稳定达标,江苏省开展了一系列治污及尾水导流项目,这些尾水导流项目在确保南水北调干线水质长久稳定达标,改善北方地区水资源供需条件,促进经济社会的可持续发展,改善供水区生态环境,提高人民生活质量等方面究竟能起到怎样的作用,值得我们深入研究。本书通过运用环境经济损益分析方法,建立了江苏省南水北调尾水导流工程对输水干线水质改善及区域环境影响的损益计量模型,实现了对尾水导流工程效益的货币量化评价。本书主要内容如下:

　　(1) 货币量化尾水导流工程对南水北调干线徐州段、宿迁段、淮安段、江都段受水区水质改善及社会环境的影响。针对尾水导流工程对南水北调干线受水区水质改善的影响,从工程对居民生活用水、工业用水、农业用水的影响三个方面展开定性分析;针对工程对干线受水区的社会影响,从工程对居民生活质量、居民健康、居民心理及居民环境意识四个方面的影响,展开损益分析,并货币化计量工程对干线受水区居民生活质量的影响。

　　(2) 定性分析徐州市、宿迁市、淮安市、江都区尾水导流工程对尾水导出区域的生态影响,以及货币化量化工程对导出区域的社会环境影响的损益。针对尾水导流工程对南水北调干线受水区水质改善的影响,从工程对居民生活用水、工业用水、农业用水的影响三个方面展开定性分析;针对工程对干线受水区的社会影响,从工程对居民生活质量、居民健康、居民心理及居民环境意识四个方面的影响,展开损益分析,并货币化计量工程对干线受水区居民生活质量的影响。

(3)定性分析徐州市、宿迁市、淮安市、江都区尾水导流工程对尾水排入区域的生态影响,货币化量化工程对排入区的社会环境影响的损益。研究尾水导流工程对尾水排入区域生态的影响并进行定性分析;从工程对居民生活质量、身体健康、环境意识及心理四个方面的影响展开分析,探讨尾水导流工程对尾水排入区域社会环境的影响,分析其损益并进行货币化计量。

(4)分析徐州市、宿迁市、淮安市、江都区尾水导流工程尾水资源化利用状况,核算徐州市尾水资源化利用的效益。从尾水回用产生经济效益的角度出发,对尾水资源化利用进行损益分析,根据构建的损益计量模型,实现尾水资源化利用的货币化计量。

本书成果主要有以下创新之处:

(1)创新性地把经济损益分析方法应用于尾水导流工程环境影响评价中,通过江苏省南水北调尾水导流工程对输水干线水质改善及区域环境影响的分析研究,从定性和定量角度全面衡量尾水导流工程产生的环境影响。

(2)从水系空间概念角度出发,分析尾水导流工程对南水北调干线受水区、尾水导出区域、尾水排入区生态及社会环境影响的机理,选择成本法、意愿调查法等环境经济损益计量方法,建立环境影响损益计量模型,系统评价尾水导流工程产生的环境经济效益。

(3)研究在环境影响评价中采用社会学的问卷调查法,从居民生活质量、环境意识、心理等方面对尾水导流工程产生的社会环境影响对象进行调查分析,货币化计量江苏省南水北调尾水导流工程的社会影响。

本项目的研究通过从定性和定量的角度全面衡量尾水导流工程产生的环境影响,将尾水导流工程的环境影响进行量化,且提出治污工程投资决策的建议及优化运行管理的对策,具有明显的社会、经济和环境效益。

在项目的研究及本书的编写过程中,张劲松、郑在洲、张树麟、梁庆华、展永兴、沈健、杨金海、聂永平、薛刘宇、吴海军、陆奇、倪效欣、贾亦真、胡玉露、傅宇瑾、沈城吉、曹秋迪、万羽、王峰等同志给予了大力支持和帮助,在此一并表示感谢。

受时间和作者水平所限,书中错误和不足之处在所难免,恳请读者批评指正。

作者

2024 年 12 月

目录

contents

第一章

问题的提出

第一节 研究的背景

南水北调东线工程即国家战略东线工程,是南水北调工程东部输水大动脉,对缓解西北地区、华北平原中西部和华北平原东部水资源的严重不足具有重要的战略地位,而其成功的关键是输水干线的水质。为确保南水北调输水干线水质长期稳定达标,江苏省开展了一系列治污及尾水导流工程项目。这些尾水导流工程项目在确保南水北调干线水质长久稳定达标、改善北方地区水资源供需条件、促进经济社会的可持续发展、改善区域生态环境、提高居民生活质量等方面发挥的效益究竟如何? 效益能否货币量化? 目前对于尾水导流工程的评价仅限于环境影响评价,能否将环境经济损益分析的方法应用于尾水导流工程环境经济效益评价? 能否将社会学的方法应用于尾水导流工程的社会环境影响评价? 这些问题都值得我们深入研究。本书研究主要基于以下背景:

1. 客观评价南水北调尾水导流工程效益的需要

南水北调工程在江苏境内以京杭运河为主要输水干线,沿线经过扬州、淮安、宿迁、徐州等城市。由于城市工业化发展、洪泽湖和骆马湖超规模养殖、农业面源污染以及客水汇入对沿途水质造成了一定的影响,因此保证输水水质达标的关键在于治污。江苏省南水北调尾水导流工程的提出曾一度遭遇较大的争议,通过研究江苏省南水北调尾水导流工程对输水干线水质改善及区域环境的影响,可全面系统地研究尾水导流工程的环境效益、经济效益及社会效益,以客观、真实地评价尾水导流工程建设的作用及影响,为后续治污工程建设提供指导和借鉴。

2. 环境经济损益分析方法在环境治理工程中创新应用的需要

水利工程项目对自然环境和社会发展目标所作的贡献与影响通常可采用环境影响评价及环境影响经济损益分析进行研究,而目前对于尾水导流工程影响的评价主要体现为环境影响评价,对工程环境影响经济损益分析方面的研究较少。研究江苏省南水北调尾水导流工程对输水干线水质改善及区域环境影响的环境经济损益分析,是对目前工程影响的研究局限于环境影响评价的深入和拓展。

3. 项目运行管理及后评价的需要

2008 年,为加强和改进中央政府投资项目的管理,发改委制定了《中央政府投资项目后评价管理办法(试行)》(以下简称《管理办法》),水利部于 2010 年下发了《关于印发〈水利建设项目后评价管理办法(试行)〉的通知》,建立和完善了政府投资水利建设项目后评价制度,明确规范了水利建设项目的后评价工作。在研究江苏省南水北调尾水导流工程的工程规划、建设及运行管理现状的基础上,分析工程建设对输水干线水质改善及区域环境影响的损益,并对项目实施情况进行综合评价,总结工程建设与运行管理的成功经验和做法,是项目后评价的重要内容。因此,本书的研究是开展项目运行管理及后评价的需要,有利于充分了解与反映项目的运行现状及效益,有利于为政府的投资决策提供依据,提高政府投资决策的科学性。

4. 优化工程运行方案、提高工程管理效果的需要

尾水导流工程运行效果如何,不仅直接影响南水北调工程干线水质,而且影响后续工程的建设投资,因此必须对尾水导流工程的运行管理及影响效果进行全面、系统的评价。通过完整的损益分析计算,可科学、合理地量化尾水导流工程对输水干线、尾水导出区、尾水排入区及尾水资源化利用的影响,有利于从经济角度全面系统地衡量尾水导流工程运行管理的效果,更准确地评价江苏省南水北调尾水导流工程建设和运行管理方案的合理性,从而全面、系统、清晰地了解工程运行管理的效果,为后续工程项目管理及建设提供决策支撑。

第二节　研究的目标及意义

一、研究的目标

江苏省南水北调尾水导流工程是关系生态环境安全,关乎人民福祉的重大工程。本书通过全面调查分析,对江苏省南水北调尾水导流工程进行研究,以期达到以下目标:

1. 将社会学方法应用于环境治理工程的环境影响损益评价中,货币量化尾水导流工程对输水干线水质改善及对南水北调干线受水区的社会影响。南水北调(江水北调)干线受水区是指南水北调工程供水区域,包括江苏及山东境内从南水北调(江水北调)干线引水的所有地区。鉴于水质监测数据的区域性,在此仅考虑江苏省内南水北调(江水北调)干线的供水区。通过构建水质影响损益计量模型,达到货币化计量江苏省南水北调尾水导流工程对南水北调干线受水区水质及社会环境影响的目标。

2. 定性分析尾水导流工程对尾水导出区域的生态影响,货币量化工程对导出区社会环境影响的损益。尾水导出区域是指各地尾水导流工程所涉及的污水处理厂的污水收集及控制范围。通过选择适宜的量化方法,构建居民环境意识损益计量模型,达到货币化计量江苏省南水北调尾水导流工程对尾水导出区域社会环境影响的目的。

3. 定性分析尾水导流工程对尾水排入区域的生态影响,货币量化工程对排入区的社会环境影响的损益。尾水排入区域是指污水处理厂处理过后达标排放的尾水,经尾水导流工程管网导走后排水河道,所涉及的排放点、排入的河道及所影响的周边区域。通过构建居民心理影响损益计量模型,达到货币化计量尾水导流工程对尾水排入区域社会环境影响的目标。

4. 通过尾水资源化利用现状分析,计算尾水资源化利用效益。从尾水回用产生经济效益的角度出发,对尾水导流工程尾水资源化利用进行损益分析,并构建损益计量模型,实现尾水资源化利用效益的货币化计量。

5. 提出优化运行管理的对策及后续治污工程措施的建议。在对工程影响及效益进行总体评价的基础上,分析工程运行管理现状,提出优化运行管理的对策及后续工程建设建议,以达到为南水北调东线江苏段治污以及类似地区环保工作和管理决策提供科学依据和技术支撑的目标。

二、研究的意义

本书具有重要的实践价值和理论指导意义:

1. 衡量尾水导流工程的环境影响的效果

江苏省南水北调尾水导流工程的建设可以减少污染物进入输水干线,是实现"先节水后调水,先治污后通水,先环保后用水"的重要举措之一。作为治污工作的重要组成部分,尾水导流工程保证了南水北调的送水水质,用货币化的手段衡量尾水导流工程改善输水干线水质产生的环境效益,可以全面衡量尾水导流工程的环境影响的效果,凸显国家对于改善南水北调输水干线水质及保证供水安全的决心与力度。

2. 通过对尾水导流工程改善输水干线水质影响的效益评价,提高人们对尾水导流工程作用的认识

尾水导流工程是南水北调东线工程的重要组成部分,是防止沿线工业、城镇生活污水排放影响输水干线水质的控制性工程。针对尾水导流工程对输水干线水质及区域环境影响进行经济损益分析,有利于让人们充分认识尾水导流工程带来的环境收益,从一个侧面进一步深入分析尾水导流工程的可行性与必要性。

3. 通过对尾水导流工程环境经济损益的评价,为类似工程机制设计及政策制定提供支撑

本书对照项目可行性研究报告及审批文件的主要内容,与项目建成后所达到的实际效果进行对比分析,找出差距及原因,总结经验教训。经济评价成果是同类项目规划制

定、项目审批、投资决策、项目管理的重要参考依据。因此本书拓展环境影响评价的途经,将经济学、社会学方法纳入治污工程环境影响经济损益分析中,实现尾水导流工程对输水干线、尾水导出区、尾水排入区生态影响的定性分析及社会影响的货币化计量,并计量尾水资源化利用效益,有利于为类似工程的规划及投资决策提供支撑。

4. 通过对尾水导流工程建设的合理性进行评价,为工程运行管理优化方案决策提供依据

本书通过恰当的环境经济损益分析方法和完整的损益分析计算,从经济角度评价尾水导流工程建设和运行管理方案的合理性,研究并提出尾水导流工程运行管理的优化方案,为后续工程的良好运行及生态效益、经济效益、社会效益的进一步发挥提供建议。

5. 提高环境工程经济评价水平,拓展环境工程的环境影响评价及后评价方法

目前,我国进行的环境影响评价主要是从定性的角度进行分析,本书针对江苏省南水北调尾水导流工程对输水干线水质及区域环境的影响进行经济损益研究,从定性和定量的角度全面衡量尾水导流工程产生的环境及社会影响,将尾水导流工程的社会影响货币化计量,提高环境工程的环境影响评价及后评价水平,拓展环境工程的环境影响评价及后评价的方法。

第三节　江苏省尾水导流工程规划、建设及运行管理现状

一、江苏省尾水导流工程规划及批复

按照国务院批复的《南水北调东线工程治污规划》,江苏省治污项目共 43 项。为细化工作任务,江苏省组织编制了《南水北调东线工程江苏段控制单元治污实施方案》,治污工程项目增加到 102 项,合计投资 59 亿元,实际完成投资 70.23 亿元。具体包括工业结构调整项目 16 项,工业综合治理项目 49 项,城镇污水处理及再生利用项目 26 项,流域综合整治项目 6 项,尾水导流项目 5 项,其中泰州市截污导流工程未纳入总体工程,由泰州市政府组织实施,实际截污导流项目为 4 个。江苏省尾水导流项目规划投资136 230 万元。

江苏省南水北调尾水导流工程徐州段全长 170.28 千米,途经铜山、贾汪、云龙、开发区、邳州和新沂 6 个县(市)、区。工程主要批复内容:新开尾水渠道(涵管)25.7 千米,利用现状河渠 144.58 千米(其中:疏浚 95.83 千米),建设干渠建筑物 42 座,新(改)建跨河桥梁 94 座,按照恢复原功能实施小型配套建筑物 116 座(其中:大中沟涵洞 33 座、大中沟闸 49 座、中沟跌水 5 座、渡槽 16 座、小沟级配套 12 项、灌区调整 1 项)。工程总投资73 841 万元,施工总工期 30 个月。

新沂尾水导流工程位于新沂市唐店、马陵山和邵店镇境内,自新沂市城南污水处理

厂排污口起至新沂河尾水通道,全长26.8千米。工程主管道为双排DN1200玻璃钢夹砂管道,工程等别为Ⅲ等。设计规模为13.9万吨/天,设计流量为1.61立方米/秒。穿总沭河堤和新沂河堤顶管建筑物级别分别为2级、1级,临时建筑物分别为4级、3级;其余段管道和倒虹吸、顶管建筑物级别为3级,临时工程为5级。2011年12月8日,江苏省发改委以《省发展改革委员会关于南水北调新沂市尾水导流工程初步设计的批复》(苏发改农经发〔2011〕2041号),对新沂市尾水导流工程初步设计作出批复,核定工程概算总投资为21 207万元。

睢宁尾水导流工程建设范围为自睢宁县经济开发区污水处理厂新建单排管道沿徐沙河、牛鼻子河、庆安西干渠和方亭河滩地至邳州彭河,管径分别为DN500和DN800,管道全长53.823千米。工程建设具体内容为:新建睢宁县经济开发区污水处理厂至邳州彭河处出口有压玻璃纤维夹砂管尾水管道,长约为53.823千米(包括顶管及倒虹吸);新建穿104公路顶管、穿邳睢公路顶管、穿刘集路顶管、穿房亭河顶管;新建穿睢北河倒虹吸、穿废黄河倒虹吸、穿民便河倒虹吸、穿房南河玻璃纤维夹砂管倒虹吸管道;新建穿沿线大、中、小沟玻璃纤维夹砂管倒虹吸33座,其中大沟9座、中沟23座、小沟1座。南水北调睢宁县尾水资源化利用及导流工程设计规模为4.0万吨/天。

江苏省南水北调尾水导流工程宿迁段设计规模为日输送尾水28.6万吨。主要建设内容为:运西尾水收集系统铺设截污干管7.0千米,压力管道2.8千米,新建提升泵站1座;尾水输送系统铺设输水管道23.3千米,新建总提升泵站1座,顶管8处。

江苏省南水北调尾水导流工程淮安段设计规模为日输送尾水9.7万吨。主要建设内容为:房屋拆迁面积10.7万平方米;沿大运河、里运河共铺设截污干管20.12千米;沿线建设污水提升泵站2座,设计流量均为0.579立方米/秒。里运河清淤工程以尽量清除里运河淤泥为控制标准,清淤河段长24.3千米。清安河疏浚工程按尾水输送结合区域三年一遇排涝标准疏浚河段长22.04千米,移址重建穿运涵洞,设计流量为29立方米/秒。

江苏省南水北调尾水导流工程江都段规模为日输送尾水4万吨。主要建设内容为:提升泵站1座,设计流量0.46立方米/秒,顶管6座,倒虹吸22座,穿江堤出水口门1座,铺设总干管累计长22.78千米。

二、江苏省尾水导流工程建设管理状况

在省南水北调办的正确领导下,通过各参建单位的共同努力,江苏省南水北调尾水导流工程建设管理情况良好。

(一)徐州市尾水导流工程

1.管理机构设置及项目建设管理体制情况。在工程建设期间,徐州市南水北调截污导流工程建设管理处下设现场管理机构负责各工程内的建设管理。建管处、工程部均设

置工程技术、征迁、综合等科室,全面负责工程质量、安全生产、工程量复核、征地拆迁、档案资料、后勤保障等工作。质量监督部门定期、不定期到工地现场进行监督,对存在的问题或不足及时向参建单位提出并要求整改。设计单位代表及时解决施工中的设计技术问题。监理部门认真履行职责,做到预控和过程控制,并做到监帮结合。各施工单位组建了项目经理部和相关职能机构,建立了各项规章制度,严格按照施工图施工,服从现场监理管理,保证了工程质量,按期完成了工程建设任务。

2. 工程质量情况。按照《江苏省水利工程施工质量检验评定标准》、《给排水管道工程施工及验收规范》、《泵站施工规范》、《建筑装饰装修工程质量验收规范》和《建筑工程施工质量验收统一标准》等进行质量检验与评定,徐州市尾水导流工程 26 个施工标段 65 个单位工程施工质量全部合格,其中施工 02 标河道工程分部工程优良率为 80%,施工 02 标建筑物工程分部工程优良率为 85%,施工 07 标张楼地涵工程分部工程优良率为 72.7%,施工 10 标苗圩地涵工程分部工程优良率为 75%,且主要分部工程质量全部优良,4 个单位工程施工质量优良。

3. 建设征地补偿及移民安置情况。徐州市尾水导流工程征地移民主要完成:永久征地 2 302.98 亩[①],临时占地 5 167.09 亩,青苗补偿 4 617.34 亩,鱼塘设施及鱼苗损失补偿 1 552.55 亩,拆除各类房屋 68 464.2 平方米,涵洞 64 座,闸 3 座,一般树木 495 839 棵,果树 36 797 棵,机耕桥 28 座,10 千伏输变电 10.97 千米,380 伏/220 伏输变电 36.15 千米,通信电缆 14.22 千米,电灌站 37 座。徐州市尾水导流工程征迁安置补偿资金已完成兑付,征迁安置实施方案规定的任务已完成,征迁安置财务决算已完成,实施单位完成自验,征迁安置档案通过验收,建设用地手续已经江苏省国土资源厅审查,上报国土资源部。徐州市尾水导流工程征迁安置工作符合征地移民完工验收要求。

4. 水保、环保、档案等专项验收情况。在工程实施过程中,徐州市南水北调截污导流工程建设管理处切实落实水土保持"三同时"制度和环境保护"三同时"制度,完成了水保批复和环保批复的各项建设内容,工程质量合格。徐州市尾水导流工程档案管理工作情况良好,档案的归档率、完整率、准确率和案卷合格率达到规范要求,工程档案齐全、完整、系统。

(二)新沂市尾水导流工程

1. 管理机构设置及项目建设管理体制情况。南水北调新沂市尾水导流工程建设管理处作为工程项目法人,全面负责工程建设。根据工程批复的建设内容,建设处及时制订了工程施工分标计划,完成招标文件编制和招标图设计,委托江苏鸿源招投标代理公司代理工程招标工作。南水北调新沂市尾水导流工程征迁安置工作领导小组负责征迁移民工作,严格按照拆迁移民安置工作有关政策积极开展工作,为工程顺利实施奠定基

---

① 1 亩≈666.67 平方米

础。质量监督部门为徐州市水利工程质量监督站,安全监督部门为新沂市水利局安全生产监督管理办公室,质量检测单位为江苏省水利建设工程质量检测站。

2. 工程质量情况。新沂市尾水导流工程项目共划分为 7 个单位工程,已评定的 7 个单位工程质量全部合格,其中 5 个优良,单位工程优良率为 71.4%,工程项目施工质量优良。

3. 建设征地补偿及移民安置情况。南水北调新沂市尾水导流工程征迁移民范围涉及唐店镇马场村、双城村、后滩村、唐店村、龙河村、双山村;马陵山镇太平村、王庄村、新宅村、后湖村、广玉村、高原村;邵店镇邵西村、沂北村,共三镇 14 个行政村。根据工程建设需要,实际永久征用土地 36.56 亩,临时占地 1 831.9 亩,拆迁房屋 4 763 平方米;砍伐各种树木 8.6 万余株;青苗及经济作物补偿 1 257 亩;专项设施补偿电力设施 2 处 200 米线路、通信设施 4 处 1 300 米线路及杆件、水利设施 6 处;复耕临时占地 1 831.9 余亩;搬迁坟墓 556 座。实际完成投资 1 521.62 万元。

4. 水保、环保、档案等专项验收情况。新沂市尾水导流工程根据批复的水土保持方案和初步设计报告要求,严格执行水土保持设施与主体工程同时设计、同时施工、同时投入使用的"三同时"制度,降低了工程建设对生态环境的影响,水土流失也得到了有效控制。严格按照《南水北调新沂市尾水导流工程环境影响报告书》的批复和《环境影响报告书》等文件要求,狠抓"三同时"制度,重点研究过程管理中的各个难点,确保了环境保护工程的顺利完成。工程项目档案基本达到了完整、准确、系统、安全的要求,充分发挥了其在建设管理工作中的作用,为质量管理、概算批复、统计、审计、运行管理等方面工作提供了依据。

（三）睢宁县尾水导流工程

1. 管理机构设置及项目建设管理体制情况。南水北调睢宁县尾水资源化利用及导流工程建设处作为工程项目法人,全面负责工程建设。根据工程批复的建设内容,建设处及时制订了工程施工分标计划,完成招标文件编制和招标图设计,监理单位为徐州市水利工程建设监理中心,运行管理单位为徐州市截污导流工程运行养护处、睢宁县水利局。

2. 工程质量情况。施工 1 标划分为 1 个单位工程,3 个分部工程,130 个单元工程。经施工单位自检自评,监理单位复检复评,130 个单元工程全部合格,优良 24 个,优良率为 18.5%;3 个分部工程全部合格。施工 2 标划分为 1 个单位工程,8 个分部工程,140 个单元工程。经施工单位自检自评,监理单位复检复评,140 个单元工程全部合格,8 个分部工程全部合格。施工 3 标划分为 1 个单位工程,8 个分部工程,127 个单元工程。经施工单位自检自评,监理单位复检复评,127 个单元工程全部合格,8 个分部工程全部合格。施工 4 标划分为 1 个单位工程,9 个分部工程,157 个单元工程。经施工单位自检自评,监理单位复检复评,157 个单元工程全部合格,9 个分部工程全部合格。

（四）宿迁市尾水导流工程

1. 工程质量情况。宿迁市尾水导流工程共分为 4 个单位工程，27 个分部工程，754 个单元工程。运西截污管单位工程共 6 个分部工程质量均合格，244 个单元工程质量均合格，该单位工程质量合格；运西截污提升泵站单位工程共 5 个分部工程质量均合格，其中优良 1 个，44 个单元工程质量均合格，其中优良 9 个，该单位工程质量合格；总提升泵站单位工程共 8 个分部工程质量均合格，130 个单元工程质量均合格，该单位工程质量合格；尾水输送管单位工程共 8 个分部工程质量均合格，336 个单元工程质量均合格，该单位工程质量合格。工程施工过程中无质量事故。宿迁市尾水导流工程质量整体良好。

2. 建设征地补偿及移民安置情况。宿迁市尾水导流工程实施阶段，两个泵站实际用地共 8.67 亩，全部办理了永久用地手续，按照宿迁市地方补偿标准全部补偿到位；管道工程临时占地也均办理了相关手续，并按照临时占地补偿标准执行。工程共拆迁居民 39 户、厂房 1 处，拆迁面积 3 432.61 平方米，全部按照宿迁市地方标准实行货币补偿，所有拆迁户均得到了安置。整个工程建设征地及移民安置过程顺利，没有引起社会矛盾，也未对工程建设造成影响。

3. 水土保持、环保、档案等专项验收情况。宿迁市尾水导流工程实施过程中，水保设施工程和环保设施工程质量合格，工程档案齐全、完整、系统，已通过水保验收和工程档案专项验收。

（五）淮安市尾水导流工程

1. 管理机构设置及项目建设管理体制情况。在工程建设管理期间，淮安市南水北调尾水导流工程建设处建立质量、安全、精神文明建设管理机构，制定有关规章制度，按照省南水北调办公室要求，对工程质量、安全、进度、资金进行全方位、全过程的监督管理，协调各参建单位之间关系，创造良好的施工环境。在施工过程中，主管单位、设计单位、监理单位、质量监督单位各司其职，并相互协调合作，对项目管理的有效性发挥了积极作用。

2. 工程质量情况。淮安市尾水导流工程共分为 27 个单位工程，186 个分部工程，1 158 个单元工程。穿运涵洞移建工程、北京南路泵站及过河干管工程、通莆路干管工程和通莆路泵站工程 4 个单位工程质量优良，其余单位工程质量均合格。工程施工过程中无质量事故，工程质量整体良好。淮安市尾水导流工程合同项目验收已全部完成，按照合同约定，2013 年，各施工单位与项目法人间均办理了工程移交手续，及时将工程移交项目法人。其中，截污管道及污水提升泵站工程已移交淮安市排水监督管理处，并及时纳入淮安污水排放管网运行使用。

截至 2016 年 6 月，淮安市主城区已建成四季青污水处理厂（现状设计规模 10.5 万立方米/天)和第二污水处理厂(现状设计规模 10 万立方米/天),总建设成本 31 929.450 5 万元,实际处理量合计达到 19 万吨/日,主要收集处理清江浦区、高教园区、经济开发西区、生态新城西区及中片区污水。

3. 建设征地补偿及移民安置情况。淮安市尾水导流工程永久征地 454.93 亩,临时占地 500.32 亩,全部办理了相关手续,按照淮安市地方补偿标准全部补偿到位;管道工程临时占地也都办理了相关手续,并按照临时占地补偿标准执行。工程移民动迁居民 1 474 户、5 141 人,其中城市居民 1 118 户,农村居民 356 户。拆迁各类房屋109 448 平方米(含影响的 5 个企事业单位房屋),其中里运河清淤工程及两岸移民搬迁影响各类房屋 108 309 平方米(含影响的 5 个企事业单位房屋),清安河整治 1 130 平方米,截污系统工程影响各类房屋 8.5 平方米,房屋拆迁任务全部完成。已完成征迁投资 36 894 万元,整个工程建设征地及移民安置过程顺利。

4. 水保、环保、档案等专项验收情况。在工程实施过程中,淮安市尾水导流工程建设处切实落实水土保持"三同时"制度和环境保护"三同时"制度,完成了水保批复和环保批复的各项建设内容,工程质量合格。淮安市尾水导流工程档案管理工作情况良好,档案的归档率、完整率、准确率和案卷合格率达到规范要求,工程档案齐全、完整、系统。

(六)江都区尾水导流工程

1. 管理机构设置及项目建设管理体制情况。江都区作为南水北调东线工程的源头,市委、市政府为确保东线调水水质,将打造"清水走廊"和创建国家环保模范城市有机结合起来,采取结构调整、限期治理和依法关闭等手段,对各类化工企业实施专项整治,不断强化政府的服务职能,积极协调各有关部门和单位,为尾水导流工程顺利进行保驾护航。为加强对尾水导流工程建设的领导,由常务副市长作为领导小组组长,成立了由十几个相关部门负责人为成员的领导小组,并建立了多种会议协调机制,主要形式有市长办公会、常务副市长组织召开的专题协调会和领导小组协调会等,为尾水导流工程的顺利开展提供了强有力的组织保障。

2. 工程质量情况。江都区尾水导流工程开工伊始,建设处就组织参建单位学习南水北调工程建设有关规章制度,建立健全了科学的质量管理体系,在建设过程中狠抓各个关键环节的质量管理,保证了工程质量始终保持在可控状态。同时,通过招标,择优选择了上海市的一家监理公司,为工程建设把关。

在工程建设中,建设处要求参建单位的原材料和施工设备采购、施工方案等,严格按照设计文件和规范执行。施工中遇到问题,及时与设计单位取得联系,征求意见,保证施工进度和质量。特别是对工程的关键环节,要求监理部门严格把关,每道工序都要在施工单位内部三检之后,再经监理工程师复检签字后才能进行下道工序,如发现与设计要求不相符合的地方,立即限期整改,绝不姑息。江都区尾水导流工程质量整体良好。

3. 建设征地补偿及移民安置情况。为克服征迁工作时间紧、补偿价格低、群众工作难的困难,工程开工前后,建设处就组织优势力量,注重工作方法,着力征迁工作。在编制初步设计时,集中组织人员对征地红线范围内的房屋、道路、渠道、树木、苗圃等实物量进行调查、核实、汇总;在编制移民安置实施方案的时候,结合沿线仙女镇、大桥镇、沿江开发区的实际情况,聘请房屋评估公司和花木专家,对需拆迁的房屋、苗圃、花木进行评估。认真细致的工作,保证了移民安置实施方案的质量,也保证了移民安置实施方案很快得到江苏省南水北调办的批复。

在征迁过程中,为保证征拆工作顺利进行,江都区政府专门召开区长办公会,明确了征迁工作具体责任。涉及乡镇各自成立了征地拆迁工作小组,由建设处与乡镇签订征迁包干协议,规定征迁工作完成时间,保证不影响工程施工。同时制定标准,严格按照南水北调征迁标准实行总经费包干,不足部分由地方政府想办法解决。在征迁实施过程中,建设处还组织人员配合镇村深入农户,做"一人一事"的工作。江都区征迁工作得到了群众的理解和支持,移民监理单位严格规范操作,按标准补偿,征迁手续的合法、合理性得到有效保证。

三、江苏省尾水导流工程运行管理现状

江苏省南水北调尾水导流工程的实施,加快了治污进程,极大地改善了各地水质状况。

(一)徐州市尾水导流工程

徐州市尾水导流工程已全线贯通并投入使用,工程全长 170.28 千米,涉及南水北调徐州段不牢河、房亭河、大运河邳州段三个控制单元;新建干渠建筑物 42 座,新设水质监测断面 6 处,建设桥梁 94 座及沿线小型配套建筑物 116 座。

1. 采用"一处四所依托"管理模式,市场化运作,管理工作平稳有序

为加强工程运行管理,市政府专门成立徐州市尾水导流工程运行养护处。目前,尾水导流工程管理采取"一处四所依托"管理模式,养护处负责工程全线调度运行管理及维修养护,四所负责现场管理。充分发挥地方优势,保持现场管理平稳有序。

根据一期工程《市政府办公室关于加强尾水导流工程管护工作的通知》(徐政办发〔2011〕155 号)及二期工程《市政府办公室关于印发丰沛睢新尾水资源化利用及导流工程管理办法的通知》(徐政办发〔2014〕183 号)文件,该工程实行统一监管、统一调度、分级管理。工程运行管理原则上采取市场化模式。市养护处严格履行管理职责,制定落实具体运行管理措施,确保工程效益发挥。尾水导流工程分为三个运行期,分别为南水北调调水期、灌溉期、汛期,运行期间按照市防汛防旱指挥部批准实行的调度方案统一调度。同时按要求对沿线污水处理厂的排水进行监测,发现问题及时采取措施并协调相关部门处理,严禁超标排放和偷排偷放,对水质进行严格监测。

2. 工程运行制度齐全,配套措施执行到位

徐州市积极试行工程巡查保洁养护市场化运作,通过公开招投标,竞争性谈判和政

府采购等形式,择优选取社会企业负责工程现场巡查管护、河道打捞、片区保洁、配套机电及水质在线检测设备维修养护等任务;注重工程运行管护巡查制度建设,巡查组两周一次对市管 42 座建筑物、25.7 千米新开河道进行现场巡查,重点对工程土建设施、现场管理、配套设备、水位水质等项目内容进行检查;制定突发环境事件应急预案及风险应对措施,确保重、特大突发环境事件一旦发生,应急系统立即启动,能够最大限度地减少环境污染和生命财产损失。

3. 水质检测控制措施不断完善,实现自动化监测

徐州市尾水导流工程 27 个施工标段于 2012 年 8 月 31 日全部通过单位工程验收;2012 年 12 月 25 日通过合同项目验收。工程运行过程中,养护处不断完善水质控制措施,建立健全水质预警体制,严格执行水质检测程序及检测标准,对 COD、氨氮、pH 值三项重点指标实施在线自动化预警监测,每月 2 次对总磷、总氮等 8 项指标进行实验室化验检测,每季度对总镉、总铅等 7 项重金属指标进行 1 次化验检测,水质检测数据及时准确,为工程运行管理提供可靠翔实的数据保障。

4. 水质控制效果良好,区域水环境容量提升

工程自运行以来,实现年导流尾水量 12 556 万吨,为沿线 20.37 万亩农田提供灌溉水资源 6 477 万吨,企业回用中水 2 941.9 万吨/年,提升了城市水环境容量,改善了区域水生态文明,为工程沿线工农业生产提供了可利用水资源保障。

由于徐州市尾水导流工程发挥效益时间尚短,且徐州尾水导流工程导流尾水基本在入海前已消耗使用完毕,不会影响入海口。尾水的消耗利用,一方面实现了尾水的资源化,另一方面减少了尾水排放对环境的影响。

(二)新沂市尾水导流工程

1. 明确工程运行管理机构,建立健全工程运行制度

2012 年 9 月 17 日,新沂市机构编制委员会办公室根据新编办发〔2012〕89 号文成立新沂市尾水导流管理所,明确管理所为正股级事业单位,人员编制 16 人。2013 年 8 月 22 日,新沂市事业单位登记管理局颁发了新沂市尾水导流管理所事业单位法人证书。工程完建后,由其运行管理。目前,运行管理单位均已进一步编制、完善了相关管理职责、管理办法、岗位制度、设备操作运行规程等规章制度,编制完成工程突发环境事件应急预案,并向新沂市生态环境局进行备案。为管理好、维护好工程,充分发挥工程应有的效益奠定了可靠的基础。

2. 工程运行情况良好,运行效益明显

新沂市尾水导流工程自 2012 年 4 月正式开工以来,各单位工程陆续建成并于 2014 年 11 月投入初期运行,经过 2015 年试运行,各项设施、设备运行正常,均能达到设计要求,工程初期运行情况良好。

新沂市尾水导流工程实施完成后,新沂市城南生活污水处理和工业废水处理厂处理

后的尾水进行专项收集,通过封闭管道,直接导流至新沂河,不再经新墨河、总沭河。解决了新沂市城区尾水对王庄闸以上总沭河、新墨河水体的环境污染问题,大大改善了新沂城区和周边乡镇环境,消除了对南水北调重要调节湖泊——骆马湖水质的影响,切实保障南水北调干线水质持续稳定达标,工程初期运行效益明显。

(三)睢宁县尾水导流工程

1. 工程管理机构设置合理,人员配备参照相关标准编制

睢宁县尾水导流工程完成后,为保证工程的正常运行和日常的维护管理工作,成立睢宁县尾水导流工程管理所,属南水北调东线徐州市截污导流工程管理处领导。导流工程运行管理独立核算,管理所设办公室、工程管理科、水质检测科、财务器材科等科室,负责睢宁县尾水工程的运行管理,由于工程涉及睢宁县与邳州市,故在两地各设置一处管理所。

按照水利部、财政部以水办〔2004〕307 号文颁发的《水利工程管理单位定岗标准》(2004.5)规定的人员编制标准,本着人员精简高效的原则,测算所需人员。睢宁县尾水导流工程运行管理主要内容为提升泵站运行管理、输尾水管道(总长 53.8 千米)监测维护。提升泵站管理人员定编标准参照大中型泵站工程管理单位岗位定员标准编制,管道工程管理人员定编标准参照河道堤防管理单位岗位定员标准编制,工程级别为三级,编制人员共 35 人。

2. 严格执行工程运行制度

输送管道、提升泵站及沿线闸阀运行管理须统一控制实施。在每次运行前或运行时,必须不间断地检查管线上所有闸阀,保证排气阀和倒虹吸检修闸门处于正常工作状态、事故排放口门闸阀关闭和管线上的闸阀全开。同时要加强对沿线干管巡查,若有爆管现象,立即开启事故闸阀,同时关闭相应段的闸阀,组织人员进行及时维修。

(四)宿迁市尾水导流工程

1. 运行管理制度完备,确保工程安全运行

宿迁市尾水导流工程是南水北调东线一期治污项目之一,工程主要将原排入中运河的城南污水处理厂尾水和运西工业尾水截流输送至新沂河东排入海,实现南水北调东线调水干线中运河宿迁城区段零排放,有效保障南水北调调水水质。为保证工程安全运行,宿迁市市区水务工程管理处高度重视尾水导流工程管理,制定了详细的管理运行制度。

一是制定氨氮分析仪操作规程,详细说明仪器使用、维护、清洗等注意事项,确保仪器操作规范准确;二是确立自动化监控系统运行管理制度,对值班监控、系统信息保存、保密、系统安全保管等都作出明确规定,保证自动化监控系统正常有序运行;三是建立交接班制度,明确接班人员职责,保证工作交接准确无误;四是明确财务人员岗位职责并建立财务管理制度,确保资金用途清晰有据,为国有财产物资安全提供保障。

2. 严格执行工程运行制度及配套措施

为强化工程安全运行,有力保障宿迁城区段中运河调水水质,宿迁市尾水导流工程的运行严格按制度进行。一是加强设备保养,确保机泵、电气设备安全。调水初期,迅速安排机修工人对尾水导流所有机泵、电气、水质检测等设备进行全面排查、检修,消除安全隐患,确保设备健康;调水过程中,机修人员24小时待命,保证在最短时间内抢修故障设备。二是加强岗位督查,确保设备稳定运行。调水期间,由处领导带队,定期对运行、水质检测、机修等岗位进行督查,检查在岗情况,落实岗位职责,确保站内调度流畅、运行稳定。三是加强压力管线巡查,确保不"跑冒滴漏"。为保证尾水导流压力管道安全运行,管理处从其他站点抽调3人配合巡线工每天开展一次管线巡查工作,尤其对中运河沿线管道更是做到24小时监测,确保管道内尾水不外泄。

3. 水质控制效果良好,宿迁城区段运河水质逐步改善

自2011年9月10日,尾水导流工程正式开机试运行以来,宿迁市总提升泵站实行24小时不间断运行。根据对城南污水处理厂出水量和出水浓度的调研,宿迁市尾水导流工程每天截水导走量比较稳定,为3.5万吨/天,截止到2016年6月底,COD削减量合计1 639.55吨,氨氮削减量合计189.42吨。2011年至2016年,运河水质达Ⅱ类的月份明显增多。城区段运河水质得到逐步改善。

（五）淮安市尾水导流工程

1. 运行管理制度完备,制定严格的职责分工及奖惩考核机制

为加强淮安市尾水导流工程运行管理的有效性,淮安市给排水监督管理处特制定了《泵站与管网运行巡查维护工作制度》《泵站与管网运行巡查维护考核办法》和《泵站和管网运行巡查维护分片包干责任区制度》等管理标准。要求相关工作人员严格遵守各项规章制度、安全和技术操作规程,管网维护员每日应对责任区内的排水设施沿线路进行巡视,巡视时应做好电子棒的录入和巡查记录,每月必须对所辖管线的检查井进行全面检查,随时通过计算机控制系统和电视监控系统,对监管设施的工艺运行和设备进行监控。同时明确各方职责,责任到人,并制定奖惩激励机制,将人员职责履行情况与绩效考核相挂钩,有效提高工作人员的综合素质和工作效率,确保工程运行安全有效。

2. 水质控制效果明显

淮安市现有四季青污水处理厂和第二污水处理厂,两污水厂都实行了特许经营,建立了行业监管机构和运管机制。截至2016年6月底,截水导走量合计35 663.02万吨,COD削减量合计20 282.72吨,氨氮削减量合计4 598.629吨,水质控制效果明显。

（六）江都区尾水导流工程

1. 工程运行管理制度周密详细,确保工程运行安全有序

为保证工程安全运行,江都区水务工程管理处制定了详细的管理运行制度,高度重

视尾水导流工程运行管理,明确各方职责,要求相关工作人员严格遵守各项规章制度,遵循各项安全和技术操作规程,确保工程运行安全有序,严格保证工程质量。

2. 工程运行制度详备、配套措施执行情况良好

在工程运行中,江都区严格按照工程运行管护巡查制度展开工作,对工程土建设施、现场管理、配套设备、水位水质等项目内容进行重点检查;不断加强工程运行监督,定期对尾水导流检测等设备进行全面的排查、检修,以便消除安全隐患,确保设备稳定运行。加强岗位督查,检查人员在岗工作情况和交接情况,落实岗位职责,确保站内调度流畅、运行稳定。同时加强压力管线巡查,防止"跑冒滴漏",发生风险能及时采取应对措施,将损失降到最低。

3. 水质控制效果良好,水质得到逐步改善

江都区尾水导流工程于 2010 年 12 月完成竣工验收,截至 2016 年 6 月底,江都区尾水导流工程截水导走量合计 6 906.72 万吨,COD 削减量合计 2 717.14 吨,氨氮削减量合计 245.73 吨。自工程运行以来,经江都区环境监测站检测,三阳河、通扬运河等河道主要污染物的浓度和相关污染物的标准指数均呈下降趋势,水质情况得到逐步改善。

第四节　环境影响经济损益的研究现状及趋势分析

环境影响经济损益分析又称环境影响的经济评价,其目的是估算出环境影响的经济价值,负面的环境影响得出的是环境成本,正面的环境影响得出的是环境效益。无论是环境成本还是环境效益,最后都要纳入项目的总体经济分析中,以判断这些环境影响在多大程度上影响了项目的可行性。环境影响经济损益分析以环境经济学、环境会计学理论为基础,用货币形式表示项目对环境的有利影响和不利影响,在统一量纲下,实现工程对环境影响的综合评价。

一、国外研究现状

(一)研究进展

1. 环境影响评价发展

(1)早期阶段

国外的环境影响评价始于 20 世纪六七十年代,许多国家在环境研究中逐渐关注环境影响评价工作。1964 年在加拿大召开的国际环境评价质量会议上,环境影响评价概念首次被提出。1969 年,美国在世界范围内率先确立了环境影响评价制度,制定了《国家环境政策法》。随后,日本、澳大利亚和欧洲各国也相继建立了环境影响评价制度。

（2）探索阶段

20 世纪 70 年代,美国学者建立了生境评价系统(HES)和生境评价程序(HEP)两种基于栖息地和生态系统的生态环境影响评价方法,为生态环境影响预测和评价提供了结构化方法。国外也有学者试图初步建立环境影响评估模型,如美国学者 Walters 构建了生态环境评价种群动力学模型,但定量分析内容较粗浅且较少。

（3）发展阶段

21 世纪以来,由于环境的日益恶化,环境问题已逐渐成为影响经济发展的重要制约因素,关于环境的相关评价方法、评价标准和技术手段等研究迫在眉睫。国外学者对环境影响评价逐渐侧重方法模型的运用与探究,创建出具体的指标体系及定量分析模型。研究方法从常规的单项指数评价法或综合指数评价法等数学模型发展到了层次分析法、模糊数学评判法、灰色系统理论法以及人工神经网络法等综合评价方法。

2. 环境经济损益分析评价发展

环境经济损益分析是在西方新福利经济学的基础上,运用环境经济学的原理,对建设项目的生态环境影响进行评价,目的是避免因项目建设造成社会公共利益的重大损失,防止生态恶化,使经济、生态实现良性循环,促进可持续发展。而常规的项目经济评价中,注重的是资金投入与产出的分析和评价,均未考虑资源消耗、环境损失等成本。

国际上从水土资源、生态环境方面评价开发建设项目的环境经济损益分析的研究主要有:20 世纪中期美国水利部门最早使用费用-效益分析法对水利开发项目投资相关的费用和效益进行评价分析。1965 年,美国学者 Hammond 对水污染控制的费用与效益进行了分析,从而使费用-效益分析法应用范围更加广阔。20 世纪 80 年代末,一些发展中国家曾对土壤侵蚀的经济损失进行了估值研究。非洲国家马里在 1988 年运用剂量反应法(即生产函数法)和重置成本法,分别估算了土壤侵蚀对本国农作物的影响损失和对国内生产总值的负面贡献。从研究结果看,土壤侵蚀给马里造成了巨大的经济损失,其金额足以在该国南部的一些地区进行规模性的保护性开发投资。之后,亦有学者采用置换成本法和生产力变更法分别对斯里兰卡水土流失造成的经济影响进行评估,但二者所得结果相差较大,前者估算的影响损失比后者高约 20%。

21 世纪以来,随着对环境经济损益分析评价认识的不断深化,直接市场法、替代市场法、调查评价法等环境经济损益分析评价方法得到更为广泛应用。相关的投标博弈法、支付意愿法、条件分级法等也逐渐被国外学者引入环境经济损益分析评价研究中。国外对环境经济损益分析评价的研究已形成完善的体系,实践应用也取得了良好的环保成效,对我国环境经济损益分析评价研究具有较强的指导意义。

3. 社会影响评价发展

社会影响评价始于 20 世纪 60 年代,以美国国会 1969 年通过的《国家环境政策法案》(NEPA)为标志。该法案规定所有项目和规划必须事先进行社会影响评价。在美国,社会影响评价最先被应用于水资源开发项目,而后推广到城市建设、土地资源管理等项目中。

关于社会影响的评价变量和指标体系,各国学者和机构都已取得较为丰富的研究成果。例如,社会影响评价指导方针和原则国际组织委员会(ICGP)提出 5 大类(人口特征、社区和制度化的结构体系、政治和社会资源、社区和家庭的变化、社区资源)共 32 项社会影响评价变量;其他还有如 Taylor 等人提出的 4 类变量(人口变化、生活方式、态度信仰和价值观、社会组织);以及国际影响评价协会总结的 8 类变量(人们的生活方式、文化、社区、政治系统、环境、健康和福利、个人和财产权利、担心和期望)等。

目前国际上社会影响评价的重点已逐步向战略评价环节转移,强调从整个决策链(战略、政策、规划、计划、项目)的源头预防和解决社会问题,但社会影响评价的称谓、定义、评价指标体系等仍没有统一的规范和界定,社会影响的定量研究也非常少见。越来越多的国外学者开始将头脑风暴法、德尔菲法、趋势分析法、相关分析法、因果分析法、矩阵方法和网络方法等技术方法运用于社会影响评价中。

(二) 有关研究成果

1. 生态环境价值研究成果

(1) 全球或区域生态系统服务价值评估

早在 20 世纪 90 年代初和中期 Pearce[1]、Turner[2]、Mcneely[3] 对生态系统服务价值的分类进行了研究,奠定了生态系统服务价值分类的理论研究基础。生态系统服务价值有不同的分类方法,但是在不同的方法中均提出生态服务的价值包括使用价值和非使用价值。

具有代表性的如 Costanza 等在对全球生态系统服务所做的价值评价中,选定了气体调节、水调节、控制侵蚀和保持沉积物、土壤形成等 9 种草地生态系统服务功能,并给出了其基于全球尺度的单位面积平均价值,利用全球静态部分平衡模型,在将生态系统服务划分成 17 个主要类型的基础上,以生态系统服务供给曲线为一条垂直曲线为假定条件,逐项估计各种生态系统类型的年均服务价值[4]。

Pimental 对全球生物多样性和美国生物多样性进行了比较研究[5]。Sutton 研究了全球生态系统的市场价值和非市场价值及其与世界各国 GDP 的关系[6]。联合国千年生态

---

① Pearce D W, Atkinson G D. Capital theory and the measurement of sustainable development: an indicator of "weak" sustainability[J]. Ecological Economics, 1993, 8(2): 103-108.

② Turner K. Economics and wetland management[J]. Ambio, 1991, 20(2): 59-63.

③ Mcneely J A, Miller K R, Reid W V, et al. Conserving the world's biological diversity[M]. Prepared and Published by the International Union for the Conservation of Nature and Natural Resources, 1990.

④ Costanza R, D'Arge R, Groot R D, et al. The value of the world's ecosystem services and natural capital[J]. Ecological Economics, 1998, 25: 3-15.

⑤ Pimental D, Wilson C, McCullum C, et al. Economic and environmental benefits of biodiversity[J]. Bioscience, 1997, 47(1): 747-757.

⑥ Sutton P C, Constanza R. Global estimates of market and non-market values derived from nighttime satellite imagery, land cover, and ecosystem service valuation[J]. Ecological Economics, 2002, 41(3): 509-527.

系统评估工作组开展的全球尺度和 33 个区域尺度的"生态系统与人类福利"研究,是目前最新也是规模最大的评估工作。

（2）流域尺度生态系统价值

Gren 等对欧洲多瑙河流域经济价值进行了评估[①];Dixon 讨论了英国某流域土壤和沉积物保持的价值评价及其对流域环境管理的指导作用[②];Pattanayak 则评价了印度尼西亚 Manggarai 流域减轻旱灾的价值,并着重用 3 步评价方法对其进行了具体讨论[③];印度尼西亚在给联合国的生物多样性的国别报告中对该国包括沿海生态系统和湿地生态系统内的生物多样性效益进行了初步评估。

（3）单个生态系统价值评估

从 20 世纪 70 年代开始,国外的学者在生态系统价值的分类体系和评估方法方面进行了许多探索性研究,试图用经济价值来估算生态系统的效益价值。Peter 进行了森林生态系统的价值评估研究,评估了亚马孙热带雨林的非木材林产品的价值[④];Turner 通过研究湿地生态系统的效益,建立了湿地生态效益分析的理论框架[⑤];Woodward 通过阐述湿地提供的生态功能和生态服务,系统地总结了多年来湿地生态系统服务功能的价值评价案例及方法[⑥];Loomis 对美国 Platte River 河流生态系统总经济价值进行了评价[⑦];Lal 研究了太平洋沿岸海洋红树林价值及其对环境决策制定的意义。

Sala 等阐述了草地在维持大气成分（固定 C、N,减缓温室效应）、基因库、改善小气候、土壤保持四个方面的功能并对部分功能的生态经济价值进行了评价;Daily 认为生态系统服务是指自然生态系统及其物种所提供的能满足和维持人们生活所需的条件和过程,并指出森林作为陆地生态系统的主体,其服务功能主要体现在林木及林副产品的生产、涵养水源、保持水土、改良土壤、维持生物多样性、净化空气以及游憩、自然景观的美学和文化功能等方面[⑧]。

①　Gren I M，Groth K H，Sylvén M. Economic values of Danube flood plains [J]. Journal of Environmental Management，1995，45（4）：333-345.

②　Dixon J A. Analysis and management of watersheds[J]. The Environment and Emerging Development Issues，2000，2：391-398.

③　Pattanayak S K. Valuing watershed services：concepts and empirics from Southeast Asia[J]. Agriculture Ecosystems & Environment，2004，104：171-184.

④　Peter C A，Gentry A H，Mendelsohn R O. Valuation of an Amazonian rainforest[J]. Nature，1989，339（29）：655-656.

⑤　Turner R K，Jeroen C J M van den Bergh，Söderqvist T，et al. Ecological-economic analysis of wetlands：scientific integration for management and policy[J]. Ecological Economics，2000，35：7-23.

⑥　Flannigan M D，Woodward F I. Red pine abundance：current climatic control and responses to future warming[J]. Canadian Journal of Forest Research，1994，24：1166-1175.

⑦　Loomis J，M Creel. Semi-nonparametric distribution-free dichotomous choice contingent valuation [J]. Journal of Environmental Creel M，Lommis J Economics and Management ，1997，32：341-358.

⑧　Daily G C. Nature's services：societal dependence on natural ecosystem[M]. Washingtom D. C. ：Island Press，1997.

（4）物种和生物多样性保护价值评估

Bosson 采用条件价值评估法对澳大利亚维多利亚州所有濒危物种的价值进行评估；Mendoca 采用支付意愿和种群生存分析模型（PVA）讨论了巴西金狮绢毛猴等 3 个物种的货币价值，并预测了未来各个物种的生存概率[①]；Bandara 讨论了斯里兰卡亚洲象保护的净效益及其政策含义[②]。Kotchen 和 Reiling 对人们的环境态度对濒危物种保护价值的影响进行了研究，发现人们的环境态度对其非使用价值的支付动机有显著的影响，人们保护环境的态度可以为濒危物种的保护提供伦理上的动力[③]。

2. 社会影响评价研究成果

国外学者对于社会影响评价的研究起步较早，主要包括对其概念与意义的研究、对社会影响评价范围与方法的研究以及实证性研究三个方面。

Barrow 对社会影响评价的概念进行了研究和阐述，并将其定义为预测项目建设结果的过程，为项目实施中从宏观到个人应采取的措施提供参考依据。他以几个典型的社会影响评价项目为例，归纳出了社会影响评价的特点，并指出社会影响评价有利于解决一些社会民生问题，如可持续发展、自然资源的利用、族群的迁移、生物技术影响以及环境保护等[④]。

Ahmadvand 等针对伊朗 Gareh-Bygone 平原上出现的洪水蔓延问题进行社会影响评价。通过分层随机抽样的方式和三角测量技术收集数据，结合因果比较方法，从数据分析中得出了不同的正负面影响。他认为项目的建设提高了环境的标准，但是在社会层面会造成一定负面影响[⑤]。Mahmoudi 等指出若将社会影响评估和风险评估结合起来将是一种更具潜力的评估趋势，即"风险和社会影响评估（RSIA）"。这样的混合评估可以扩大项目的评估范围，并且这种混合评估包括三个评估阶段，分别为影响识别、影响评估和影响管理[⑥]。

---

① Cardosode Mendoca M J, Sachsida A, Loureiro PRA. A study on the valuing of biodiversity: the case of three endangered species in Brazil[J]. Ecological Economics, 2003, 46: 9-18.

② Bandara R, Tisdell C. Comparison of rural and urban attitudes to the conservation of Asian elephants in Sri Lanka: empirical evidence[J]. Biological Conservation, 2003, 110: 327-342.

③ Kotchen, M J, Reiling, S D. Do reminders of substitutes and budget constraints influence contingent valuation estimates? Reply to another comment[J]. Land Economics, 1999, 75: 483-484.

④ C J Barrow. Evaluating the social impacts of environmental change and the environmental impacts of social change: An introductory review of social impact assessment[J]. International Journal of Environmental Studies, 2002, 59: 185-195.

⑤ Ahmadvand M, Karami E. A social impact assessment of the floodwater spreading project on the Gareh-Bygone plain in Iran: A causal comparative approach[J]. Environmental Impact Assessment Review, 2009, 29(2): 126-136.

⑥ Mahmoudi H, Renn O, Vanclay F, et al. A framework for combining social impact assessment and risk assessment[J]. Environmental Impact Assessment Review, 2013, 43(4): 1-8.

二、国内研究现状

（一）研究进展

1. 环境评价研究进展

（1）早期阶段

我国的环境影响评价研究开始于 20 世纪七八十年代，在借鉴国外经验的基础上逐步发展起来。我国于 1979 年首次在《关于全国环境保护工作会议情况的报告》中提出了环境影响评价制度的概念，继而诸多学者开始研究环境影响评价及方法，此阶段大多数研究仅仅是为环境规划提供依据的环境影响预测和分析。

（2）探索阶段

自 20 世纪 80 年代以来，随着国内学者对生态环境问题的日趋关注，对于生态环境影响的评价逐渐深入。我国学者及科研机构对环境影响评价类型、评价原则、评价程序和评价方法进行了较为全面的研究。然而评价工作多是针对生态环境影响进行定性评价，使得评价结果缺乏统一的比较基准而无法实现具体的定量化。由此可见，在环境影响评价中将定量评价与定性评价相结合是有必要的。

与此同时，国内专家学者开始初步探讨一些先进的环境影响评价方法，如评分叠加法、综合指标法、聚类分析法、自然度评价方法、景观生态学方法。但运用相关环境影响评价方法确立指标时，针对操作性方面的研究不够，指标的独立性不强，容易发生混乱，尤其从多角度进行研究时相互之间存在概念模糊和交叉现象。

（3）发展阶段

在经过与环境影响评价相关的大量讨论后，我国于 2000 年在重新修订的《中华人民共和国大气污染防治法》中明确规定必须对建设项目进行环境影响经济评价。2003 年实施的《中华人民共和国环境影响评价法》第三章第 17 条规定：对建设项目环境影响要进行经济损益分析，这就从法律层面上为建设项目环境影响评价经济分析奠定了依据。

自 21 世纪以来，我国专家学者在环境影响经济评价方面的研究工作已经取得了诸多进展。许多国内学者在充分考虑生态环境评价的综合性、整体性和层次性的基础上，尝试采用了包括层次分析法、模糊数学、灰色关联度等较先进的数学方法构建适当的模型，运用定性与定量相结合的方式进行环境影响评价。但从目前研究现状看，我国学者在生态环境评价方面独立开展研究较多，但研究方法多以定性为主、定量为辅；相关的指标体系研究较多，但普遍存在适用范围小的缺点。

2. 环境经济损益研究评价发展

环境影响的经济损益分析源于我国对建设项目的环境影响评价。2002 年全国人大颁布的《中华人民共和国环境影响评价法》中明确指出"环境影响评价是指对规划和建设项目实施后可能造成的环境影响进行分析、预测和评估，提出预防或者减轻不良环境影响的对策和措施,进行跟踪监测的方法与制度"。在建设项目的环境影响评价报告书应包括的内容中也明确规定了一款,即建设项目对环境影响的经济损益分析。

水利水电工程环境影响经济损益分析的内容包括:首先对水利水电工程的环境影响进行分析、筛选,主要是分析环境影响的大小、是否可控、能否定性说明,筛选出那些需要并且能够量化和货币化的影响因素;其次对环境影响量化,如对水质指标 COD 的定量计算;再次是对环境影响进行经济价值评估;最后将环境影响货币化价值纳入水利水电工程的经济评价中。

环境影响的经济损益分析关键是对环境成本或环境效益的分析计算,估算出环境影响价值的经济现金流量表。环境经济损益分析在我国开展的时间已有十多年,但其分析模式及评价参数尚不十分完备,加之基础数据不全和引发因素的多样化,计算较为困难。一般建设项目带来的直接经济效益较易用货币形式计算出来,而项目建设和运营对环境破坏和环境污染引发的环境功能退化及给社会带来危害所造成的经济损失则比较难计算,给出的结论大多是定性的,不能完整准确地说明建设项目在服务期间和服务期满后对环境和经济的贡献效益。

总的来说,中国环境价值评估研究仍处于学习、模仿阶段,应用的技术仍以喻弗斯密特的书为限,主要反映了 20 世纪 80 年代以前的评估技术,具体表现在:①受重视的方法直观易算,如市场价值法、人力资本法、机会成本法等主要评估了环境总经济价值中的直接使用价值。使用这些方法时很少考虑栽培品种改变、产量变化引起市场价格波动,以及在出现环境污染时可采用转移、回避、防护等措施。②对间接使用价值的评估多采用影子工程法、恢复费用法、旅行费用法,忽视了 20 世纪 80 年代以后显示出理论合理性的一些方法,如享乐价格法、条件价值法。③目前国内学者逐渐使用投标博弈法、支付意愿法、条件价值法、条件分级、条件行为、条件投票等方法对生态稳定、审美价值、娱乐价值、生物多样性的选择价值、遗传价值、存在价值等非使用价值进行评估,但在指标的选取上还不够全面,需要进一步完善。

3. 社会影响评价发展

国内对社会影响评价的研究始于 20 世纪 80 年代末,对项目的社会影响进行系统评价研究是从 20 世纪 90 年代初开始,研究主要集中在农业及交通等基础设施方面。随着我国改革开放的发展,项目建设对社会发展的重要作用日益突出,一些大型项目及公益性项目也迫切需要进行社会影响评价,因此社会影响评价研究得到了重视。

当前我国社会影响评价已经初具规模,对于社会影响评价的研究内容和方法也日趋完善。但在项目评价过程中,由于社会影响评价自身的复杂性和评价目标的多元化,并没有一套可操作性强的系统评价方法。常用的评价方法大多是对研究对象进行直观的定性分析为主、定量分析为辅,目前常采用的有德尔菲法、成功度评价法、层次分析法以及模糊评价法等方法,但是这些常用的评价方法还不能完全满足实践的需求,因此需要在不断总结以往应用方法的基础上,对于评价中的定性指标、模糊指标的量化以及权重的确定等方面进行改进和突破,选用可操作性强的定量化方法如层次分析法、序列综合法、主成分分析法、因子分析法等,构建社会影响的指标定量化模型,建立全面、有效的社会影响评价指标体系。

此外,当前对于社会影响指标体系的研究大都基于经济社会效益理论构建,体现以人为本和社会公平观点的指标比较少。因此需要根据评价内容的侧重,从社会和人的角度出发,以社会学、人类学等社会科学理论为基础,借助社会调查理论、评估学等方法,通过调查评价项目对当地人民生产生活、经济发展、居民思想意识等各方面产生的影响,建立新的、全面的社会影响评价指标体系。

(二) 有关研究成果

1. 生态环境价值研究成果

(1) 全球或区域生态系统服务价值评估

20 世纪初,我国学者欧阳志云等系统分析了生态系统服务功能价值的评估方法,并探讨了生态系统服务功能及其与可持续发展研究的关系。学者认为生态系统服务功能的价值可以分为直接利用价值、间接利用价值、选择价值、存在价值四大类。生态系统服务功能的经济价值评估方法可分为两类:一是替代市场技术,二是模拟市场技术[1]。

樊浩等以南水北调中线工程水源地——丹江口水库库区为研究对象,将生态系统划分为农业生态系统、森林生态系统、淡水生态系统和草地生态系统 4 个子系统,采用模糊综合评价方法对研究区域生态系统服务价值进行评估[2]。

唐秀美等以北京市海淀区为例,运用 GIS 和 FRAGSTATS 软件,基于格网尺度估算了区域生态系统服务价值,并根据价值分布状况将区域划分为不同的生态系统服务价值分区[3]。

(2) 流域尺度生态系统价值

杨妙鸿以龙津溪流域为研究对象,利用 LUCC 模型 CA-Markov 模拟预测来研究土地利用变化所导致的龙津溪流域生态系统服务价值的改变,为土地资源的优化利用和生态环境的保护建设提供科学依据[4]。侯伟等以辽宁省境内辽河流域为研究对象,将流域生态系统划分为 7 类,从全流域、15 个子流域、河岸带三个尺度分析了生态系统结构的空间和时间变化,结合生态系统服务价值评估方法,评价了三个尺度下流域生态系统服务

① 欧阳志云,王如松,赵景柱. 生态系统服务功能及其生态经济价值评价[J]. 应用生态学报,1999(5):635-640.

② 樊皓,葛慧,雷少平,等. 模糊数学方法在生态系统服务价值评估中的应用[J]. 水资源保护,2011,27(2):34-36+48.

③ 唐秀美,刘玉,刘新卫,等. 基于格网尺度的区域生态系统服务价值估算与分析[J]. 农业机械学报,2017,48(4):149-153+205.

④ 杨妙鸿. 九龙江龙津溪流域景观格局及其生态系统服务价值动态模拟分析[D]. 厦门大学,2013.

价值及变化[①]。王原等以纳木错流域为研究对象,基于 RS 与 GIS 技术,运用中国陆地生态系统服务价值当量表,结合青藏高原粮食产量与平均收购价格,分析了 1976—2007 年纳木错流域生态系统服务价值的变化规律[②]。郭荣中等采用修正的生态系统服务价值系数对澧水流域 2001—2013 年间该区域生态系统服务价值(ESV)的变化情况进行分析,构建灰色模型预测 2016—2025 年生态系统服务价值[③]。

(3) 单个生态系统价值评估

近年来,我国学者对单个生态系统价值评估做了大量研究,试图用定量与定性相结合的方法来估算生态系统的效益价值。徐洪采用"压力-状态-响应"模型,结合德尔菲法和层次分析法,构建了城市湿地生态系统评价系统,定量化评价北京奥林匹克森林公园人工湿地、杭州西湖和武汉月湖 3 个典型城市湿地生态系统,为城市湿地的资源评价研究和可持续保护提供参考依据[④]。江波等以白洋淀湿地为研究对象,确定了白洋淀湿地生态系统最终服务价值评估指标体系,综合运用市场价值法、替代成本法、个体旅行费用模型法和支付卡式条件价值法评估了白洋淀湿地的经济价值[⑤]。

李坦对北京延庆区进行实例研究,结合层次分析法和改进后的生长系数法,并基于收益理论与成本理论的两套评估体系,评估森林生态系统服务价值[⑥]。肖强利用市场价值法和生产成本法等方法,定量评价重庆市森林生态系统服务功能近几年来的经济价值。从不同的服务功能类型来看,其价值量大小依次为:水源涵养>气候调节>景观旅游>生物多样性>土壤保持>碳固定[⑦]。刘秀丽[⑧]、李琳[⑨]等研究草地生态系统服务价值,如刘秀丽将草地生态系统服务分为四类:供给服务、支持服务、调节服务和文化服务,并且结合生态经济学的方法,估算出提供的物质量及五台山地区草地生态系统服务的价值量。

(4) 物种和生物多样性保护价值评估

从 20 世纪 90 年代起,我国逐渐开始进行生物多样性的评价研究。宋磊采用机会成本法、市场估价法、支付意愿法等方法,辅以专家咨询、国内外行人问卷(德尔菲法)进行

① 侯伟,王毅,马溪平,等. 辽河流域生态系统时空格局及服务价值变化研究[J]. 气象与环境学报,2013,29(4):71-76.

② 王原,陆林,赵丽侠. 1976—2007 年纳木错流域生态系统服务价值动态变化[J]. 中国人口·资源与环境,2014,24(S3):154-159.

③ 郭荣中,申海建,杨敏华. 澧水流域生态系统服务价值与生态补偿策略[J]. 环境科学研究,2016,29(5):774-782.

④ 徐洪. 城市湿地资源评价和生态系统服务价值研究[D]. 中国地质大学,2013.

⑤ 江波,陈媛媛,肖洋,等. 白洋淀湿地生态系统最终服务价值评估[J]. 生态学报,2017,37(8):2497-2505.

⑥ 李坦. 基于收益与成本理论的森林生态系统服务价值补偿比较研究[D]. 北京林业大学,2013.

⑦ 肖强,肖洋,欧阳志云,等. 重庆市森林生态系统服务功能价值评估[J]. 生态学报,2014,34(1):216-223.

⑧ 刘秀丽,张勃,任媛,等. 五台山地区草地生态系统服务价值估算[J]. 干旱区资源与环境,2015,29(5):24-29.

⑨ 李琳,林慧龙,高雅. 三江源草原生态系统生态服务价值的能值评价[J]. 草业学报,2016,25(6):34-41.

生物多样性价值评估[①]。魏永久等从定性、定量以及定性与定量相结合三个方面综述了国内外保护区生物多样性保护价值评价方法，并分析了三种方法的优缺点，以期为保护区生物多样性保护价值评价提供新的思路[②]。周景博等采用 Meta 分析方法对国内外生物多样性价值研究结果进行再分析，认为评估价值类型、评估方法、评估时间、评估对象所在地的经济发展水平等会显著影响生物多样性的人均价值量评估结果[③]。

2. 社会影响评价研究成果

近年来，随着我国专家学者对社会影响评价指标、体系及方法研究的不断深入，越来越多的学者用不同的方法对项目的社会影响进行评价。

张鹏等针对四川境内已投产的 4 口天然气井项目周边的居民进行问卷调查，并采用了模糊综合评价法对问卷内容进行量化分析，从而得出天然气井项目带来的社会影响。量化的评价结果反映了社会影响的综合表现，并能通过各级的评价得分与权重决定各指标需要改善的必要性与方向[④]。

张恒针对电网建设项目特点，基于社会发展互适性、区域经济影响、社会发展可持续性和社会和谐性 4 个角度提出电网建设项目社会评价指标体系，并运用多层次模糊综合评价法构建了电网建设工程社会影响评价模型，对电网建设项目产生的社会影响进行了分析研究[⑤]。

董振华以锡林郭勒盟为研究区，对草原雪灾对草原牧区的社会影响进行评价[⑥]。谢振华运用利益相关者理论对核电站项目的核心利益相关者群体进行了界定，分析了他们的利益要求，构建了适用于核电站项目的社会影响评价指标体系。他提出改进后的 Delphi-IAHP-FCA 模型，为核电站项目社会影响评价实践提供了一种新的方法和思路[⑦]。

总之，环境影响损益评估是现阶段国内外生态经济学和环境经济学的研究焦点和热点之一，在国外开展已有几十年的历史，近年来也在国内得到了发展，但仍处于初级阶段，尚未形成一整套完备的评价理论、指标体系、实施原则，且国内社会影响评价以定性分析为主，缺乏社会影响的货币量化研究。

① 宋磊. 泰山森林生物多样性价值评估[D]. 山东农业大学, 2004.
② 魏永久, 郭子良, 崔国发. 国内外保护区生物多样性保护价值评价方法研究进展[J]. 世界林业研究, 2014, 27(5): 37-43.
③ 周景博, 吴健, 于泽. 生物多样性价值研究再评估: 基于 Meta 分析的启示[J]. 生态与农村环境学报, 2016, 32(1): 143-149.
④ 张鹏, 林科君. 天然气井的社会影响评价研究[J]. 油气田环境保护, 2014, 24(6): 18-21+64-65.
⑤ 张恒. 电网建设项目社会评价体系研究[J]. 电力勘测设计, 2015(4): 71-75.
⑥ 董振华, 张继权, 佟志军, 等. 锡林郭勒盟草原雪灾社会影响评价[J]. 自然灾害学报, 2016, 25(2): 59-68.
⑦ 谢振华. 核电站项目社会影响评价研究——基于利益相关者视角[D]. 南华大学, 2012.

第五节　现行环境影响经济损益分析方法及评价

一、环境影响经济损益分析的主要方法

国内外现有环境影响经济损益分析主要方法分述如下：

（一）直接市场价值法

直接市场价值法是根据生产率的变动情况来评估环境质量变动所带来经济影响的方法。它把环境质量看作一个生产要素，根据环境质量变化引起的产值和利润的变化来评估环境质量变化的经济效益和经济损失。直接市场价值法包括以下几种方法：

1. 市场价值法

市场价值法（或称生产效应法、生产率变动法）认为，环境变化可以通过生产过程影响生产者的产量、成本和利润，或是通过消费品的供给与价格变动，根据市场价格来衡量。市场价值法就是利用因环境质量变化而引起的产品产量和利润的变化来计量环境质量变化的经济效应。

市场价值法的适用条件：环境变化直接引起货物或服务的产出量发生增、减变化，且这些货物或服务在市场出售或有可能在市场出售，或者拥有在市场出售的近似替代物；相关的环境影响十分明确，可以通过观察得到或通过经验资料数据加以检验；市场发育完善，市场价格可以合理反映其经济价值。

对市场价值法的计算分为两种：

（1）在生存要素不变，产量增加不影响市场格局的情况下。实际上生存要素总是不变化的（这里的不变化是相对而言的），而且产量的变化不会引起供需矛盾的整体结构改变，计算模型为：

$$V = P\Delta Q - C \tag{1-1}$$

式中：V 表示环境价值；P 为产品的价格；C 为成本；ΔQ 为产量的增加量。

（2）在要素价格变化的情况下。如果由于环境的变化导致产量 Q 的变化，从而引起产品和生存要素价格的变化，则环境价值计算模型为：

$$V = \frac{\Delta Q \cdot (P_1 + P_2)}{2} \tag{1-2}$$

式中：P_1，P_2 分别表示产量变化前和变化后的价格；其他字母表示意义与上式相同。

市场价值法的不足：完全自由的资源市场是不存在的，运用市场价值法评估自然资源的价值难以保证评价结果的准确性。

2. 人力资本法

环境质量的变化会对人的身体健康产生影响,人力资本法用收入减去劳动死亡引起的损失,是一种事后对一个特定个体所作的评价而采用的方法,是对死亡的个体所损失的市场价值折现后得出的结果。人力资本是用于估算环境变化造成健康损失成本的主要方法。

人力资本法的适用条件:将人作为生产要素来看待,而那些没有劳动能力的人显然无法视为生产要素,他们在不具备劳动能力时死亡不计入社会经济损失。

人力资本法的基本步骤是:①识别环境中的致病动因,即识别出环境中包含哪些可致病或致死的因素;②确定致病动因与疾病发生率或过早死亡率之间的关系,即剂量—反应关系,这是人力资本法的难点也是分析基础;③评价处于风险中的人口规模;④估算由于劳动力疾病导致的经济损失;⑤估算由于劳动力过早死亡带来的经济损失(等于劳动人口在余下的正常寿命期间的收入损失现值)常用的成本计算模型为:

直接经济损失:

$$患病 L_{11} = \alpha \cdot R_p \cdot C \tag{1-3}$$

$$死亡 L_{12} = \alpha \cdot R_d \cdot (C + B) \tag{1-4}$$

间接经济损失:

$$患病 L_{21} = \alpha \cdot L_D \cdot P \tag{1-5}$$

$$死亡 L_{22} = \alpha \cdot L_L \cdot P \tag{1-6}$$

式中:α 为因环境污染导致发病或死亡人数占总发病或死亡人数的比例;R_p 为患病人数;R_d 为死亡人数;C 为每个患病者的医疗费用;B 为每个死亡者的丧葬费;L_D 为病人和陪住人员耽误的劳动日;P 为人均国民收入额;L_L 为死亡年龄与平均寿命相比损失的劳动日总数。

人力资本法的不足:人力资本法的前提是将人作为生产要素来看待,而那些没有劳动能力的人显然无法做为生产要素。

3. 机会成本法

机会成本理论认为,使用一种资源的机会成本是指把该资源投入某一特定用途后放弃的其他用途所能获得的最大利益。机会成本法是通过分析资源的价格构成因素及其表现形式来推算求得资源价值的。

运用机会成本法必须符合以下条件:①资源的用途必须有多个可供选择的方案,如果方案是唯一的,就不存在选择问题;②环境质量变化可能直接增加或减少货物或服务的产出,这种货物或服务是市场化的或有可能在市场进行交易的,或者它们有市场的替代物,从而可以较为直接地估算出环境资源的机会成本;③当环境资源所放弃的其他用途所能提供的货物和服务并不存在市场交易条件时(如发电厂的建立所损害的周边名胜古迹的价值),就需要采用其他方法估算环境资源所放弃的其他用途的效益;④明确界定和准确测算有限环境资源用于其他用途所能获取的最大收益,避免重复计算效益。

它特别适用于自然保护区或具有唯一性特征的自然资源的开发项目的评估。机会成本的数学表达式为：

$$C_k = \max\{E_1, E_2, E_3, \cdots\cdots E_i\} \tag{1-7}$$

式中：C_k 表示 k 项目的机会成本；$E_1, E_2, E_3, \cdots\cdots E_i$ 为 k 种以外的其他项目的收益。

机会成本法的不足：机会成本法的前提之一是资源有多种用途，如果资源只有一种用途，那么这种方法将不适用。另外，该方法还假设资源能得到充分利用，当资源得不到充分利用时，闲置的资源不能获得收益，使用闲置资源的机会成本为零。

(二) 替代市场法

替代市场法（又称间接估价法），是找到某种有市场价格的替代物来间接衡量没有市场价格的环境物品的价值。替代市场法实际上是通过观察人们的市场行为来估计人们对环境"表现出来的偏好"，它有别于通过直接调查而获得的偏好。但是，这些结果对所应用的统计假设很敏感，因为它需要大量的数据，要求调查者有很高的经济和统计技巧，而且要求市场是必须成熟有效的。替代市场法包括以下几种方法：

1. 资产价值法

资产价值法是根据环境质量变化引起的资产价值变化量来衡量环境质量变化的经济损益分析方法。在其他影响资产价值的因素不变时，可用周围环境质量的不同而导致的同类固定资产的价格差异来衡量环境质量变动的货币价值。

资产价值法的适用条件：资产价值法要求有足够大的单一均衡资产市场，如果市场不够大，就难以建立相应的方程；如果市场不处于均衡状态，生态价值就不完全反映人们的福利变化。

资产价值法的理论基础在于将环境质量看作资产价值的一个影响因素，并最终反映在资产的价格中。其计算模型为：

$$P = f(b, n, q) \tag{1-8}$$

公式说明资产的价值量可以表示为关于资产本身的特征（b）、资产周围社区特点变量（n）和资产周围的生态环境变量（q）的函数。假如其他因素不变，只是周围的生态环境变化，那么对上式进行微分可得：

$$a_n = \frac{\partial f}{\partial q} \tag{1-9}$$

式中：a_n 为改善生态环境的边际支付意愿，即生态环境质量边际变化的价值。由此看出，资产价值法暗含了一个基本假设，即生态环境质量的变化影响着资产未来的收益。

资产价值法存在以下的不足：①资产价值法的三个假设条件是否切合实际还有待于进一步验证；②资产价值法的适用条件使其适用性受到限制。资产价值法对数据的需求量大,依赖大量资产特性数据。生态环境数据以及消费者个人的社会经济数据,这些数据采集是否齐全和准确,将直接影响到结果的可靠性。

2. 旅行费用法

旅行费用法是对环境估价的最古老的方法之一,由 Wood 和 Trice 在 1958 年首次使用并由 Clawson 和 Knetsch(1966)进行推广。它是通过计算交通费、门票费和花费的时间成本等旅行费用来确定旅游者对环境商品或服务的支付意愿,并以此来估算环境物品或服务价值。主要适用于下列环境资源的价值评估:①娱乐场所;②自然保护区、国家公园、用于娱乐的森林和湿地;③水库、森林等有娱乐性副产品的场所。

计算旅行费用的模型主要有分区模型、个体模型和随机效用模型。

分区模型:此模型是一种最原始的应用较广的基础模型。通常所说的旅行费用法就单指这种模型,应用此模型要依据四个假设:第一,所有旅行者使用环境服务获得的总效益没有差异,且总效益等于边际旅游者的旅行费用;第二,边际旅游者的消费者剩余为零;第三,所有人的需求曲线具有相同的斜率,即所有的人,不管距离环境位置多远,在给定的费用条件下进行环境服务消费的数量是相同的;第四,旅行费用是一种可靠的替代价格。具体应用步骤为:第一步,划区。以环境所在地为中心,将其周围地区划分为距离不等的同心圆区。距离不同,旅行费用就不同,距离越远,费用越高。第二步,进行游客调查。以此确定消费者的出发地、旅行费用、旅行率和其他各种社会经济特征。第三步,回归分析。以旅游率为因变量,以费用和其他各种社会经济因素为自变量确定方程,得到"全经验"的需求曲线。第四步,积分求值。关系式为:

$$Q_i = f(TC, X_1, X_2, \cdots\cdots X_n) \tag{1-10}$$

式中:Q_i 为旅游率,即所有考虑地区范围内的居民到该环境旅游的人数占其总人口数的比率;TC 为旅行费;$X_1, X_2, \cdots\cdots X_n$ 为包括收入、教育水平和其他有关的一系列社会经济变量。

个体模型是修正了的分区模型,在某种程度上弥补了分区模型的缺陷,即取消了分区模型将同一分区内的所有人都视为同质个体的硬性假设,比较容易处理时间的机会成本和替代场所等问题。具体公式为:

$$V = f(TC, X_1, X_2, X_3, X_4) \tag{1-11}$$

式中:V 为一个旅游者每年到某一个旅游地的次数;X_1, X_2, X_3, X_4 分别表示收入水平,平均每次在该环境现场停留的时间,是否具有可代替旅游地("没有"为 0,"有"为 1),旅游者相关其他变量;TC 为平均每次到该地区旅游的费用。

随机效用模型:游客对于两个景点的消费选择具有随机性,因此必须要考虑替代场所。弗里曼(Freeman)1993 年就这个问题提出了下述随机效用模型:

$$U_{ij} = f(M_j - C_{ij}, Q_i, S_j) + E_{ij} \tag{1-12}$$

式中:U_{ij} 表示游客 j 选择旅游地 i 时的效用;M_j,C_{ij},Q_i,S_j,E_{ij} 分别表示游客 j 的收入,游客 j 到旅游地 i 的旅行费,环境服务的质量和特点,游客 j 的其他社会经济变量,不可观察效用(假设为随机的)。

除此以外,计算时还可采用 TCM 推广模型:

$$V = \sum_{i=1}^{n} \frac{V_i}{p_i} = \sum_{i=1}^{n} (C_i, S_i, X_i) \tag{1-13}$$

式中:$\frac{V_i}{p_i}$ 表示 i 景点人均观光费;C_i 为旅行成本;S_i 为 i 地区社会经济变量(观光时间、机会成本角度、个人收入等);X_i 是一个对其他替代地点的价格(即观光成本)向量。

旅行费用法模型存在的主要问题:①旅游/休闲时间的价值具有随机性,对其价值确定不一定具有可靠性;②旅行费用法将效益等同于消费者剩余,它用旅游者的消费者剩余代替环境服务的价值,这就容易导致结果难以与通过其他方法得到的货币度量结果相比,因为两者对待消费者剩余的态度不同;③效益是现有收入的分配函数,效益是通过计算那些能够支付得起旅游费用的人的效益来体现的,忽略了收入低暂时不能旅游的人的效益。对于收入分配差距悬殊的地方是不能忽视的,否则所得结论将与实际相差甚远。

3. 影子工程法

影子工程法是指环境污染或破坏发生之后,人工建造一个工程来代替原来的环境功能,用建造该新工程的费用来估计环境污染或破坏造成的经济损失的一种方法。影子工程法利用替代技术来衡量资源的价值,适用于那些没有市场交换和市场价格的公共商品。该方法预先假设补偿受损的资源服务是可行的。

新工程建造的费用可以用作对环境质量的最低估计。计算公式为:

$$U = G = \sum_{i=1}^{n} X_i \tag{1-14}$$

式中:U 表示环境系统服务功能的价值;G 为替代工程的造价;X_i 为替代工程中 i 项目的建设费用。

影子工程法的局限性:①替代工程的非唯一性。例如,要想蓄存与生态系统涵养水分量相同的水量,存在多种替代工程,修建水库只是其中的一种,此外还可以修建多级拦水坝,在平原上修挖池塘来蓄存同样的水。由于替代工程措施的非唯一性,使得工程造价有很大差异,因此必须选择适宜且便于计价的影子工程;②两种功能效用的异质性。例如,替代工程的功能效用与生态系统涵养水分的功效是不一样的。主要差别在于:生态系统涵养水分的量与生态系统土壤的结构、性质、植被和凋落物层等有直接的关系,而水利工程蓄水的功能则与此有很大的不同,特别是在生态效益上有很大的差异。因此,影子工程不能完全替代生态系统提供的服务。

此外,替代市场法还包括后果阻止法和工资差额法。后果阻止法是为了阻止环境质量恶化造成的经济损失发生,投入或支出金额用来衡量环境质量变动的货币价值的方法。工资差额法是一种内涵价值评估方法,不同环境质量对不同职业人员的健康影响不同时,可以用不同职业间的工资差额来分析环境质量影响的经济效果。

(三) 调查评价法

这是一种在缺乏市场价格数据时,为求得环境资源效益或需求信息,从而获得环境资源价值或环保措施的效益而使用的方法。根据具体评估技术的不同,调查评价法又包括投标博弈法、比较博弈法、优先评价法、函数调查法和无费用选择法等等。权变评价法是一种直接评价方法,它是环境经济评价的最后一道防线,任何不能通过其他方法进行的环境经济评价几乎都可以用权变评价法来进行评价。

调查评价法的适用条件:对于许多缺乏市场交易条件或没有市场价格的环境服务,如难于找到可以利用的替代物市场的环境服务,意愿调查类方法就可以成为评价其价值的方法。对于选择价值的评价,意愿调查类方法是唯一可供使用的方法。调查评价法包括以下几种方法:

1. 投标博弈法

投标博弈法(又称偏好调查法或意愿调查法)是通过对个人的访问,反复应用投标过程,求得个人愿意支付的最大金额或同意接受赔偿的最小金额,作为评估环境损益的度量。对于那些用其他方法很难衡量的影响,为了估算其经济价值而进行的调查研究具有很高的价值。如果用词得当的话,针对那些实际将会受到某个提议项目影响的人群中的相对偏好而言,这种方法是可取的。投标博弈法可分为两种类型:单一(单次)投标博弈和重复(收敛)投标博弈。

在单一投标博弈中,调查者首先要向被调查者解释要估价的环境物品或服务的特征及其变动的影响(如湖水污染可能带来的影响),以及保护这些环境的具体办法,然后询问被调查者,为保护该水体不受污染而愿意支付的最大金额和愿意接受的最小赔偿额。

在重复投标博弈中,被调查者不必自行说出一个确定的意愿数额,而是被问及是否愿意对某一物品或服务支付给定的金额,根据被调查者的回答,不断调整这一数额,直至得到最大支付或最小接受赔偿意愿金额。

投资博弈法存在的不足:首先,这种方法的使用还存在着许多争议,进行调查的人员对于目标问题的优缺点有着不同的意见。反对重复投标的人认为,有可能存在"起点偏见",而且调查只能通过面对面的交谈方式来完成。其次,投标博弈存在着另一个问题,即"假想偏见",人们未必会给出一个反映他们真实想法的回答,或者是被调查者根本不了解所涉及的问题,这样统计出来的调查结果也会与现实存在偏差。

2. 函数调查法

函数调查法是分别反复向专家们咨询,以确定环境服务价值的方法。经过第一轮咨询后,用图表的形式将所得初值列出,并就其中偏离的数据请有关专家作出解释,然后再根据反馈重新评定得到新值。这样通过几次校正,就可取得趋于统一的估算值。该方法的特点是采用间接的通信方式进行,以避免专家之间相互影响。当然,其结果的准确性也取决于所涉专家的能力以及上述进程的进行方式。目前该方法多用来对各种各样的资源进行定价,包括濒危物种的保护价值、在相互竞争的领域之间对有限的资源进行分配以及在发展和保护之间做出适当的平衡。

函数调查法由于需要反复地进行询问调查,因此需要花费大量的时间来完成。另外,由于专家组成员之间存在身份和地位上的差别以及其他社会原因,有可能使其中一些人因不愿批评或否定其他人的观点而放弃自己的合理主张。要防止这类问题的出现,必须避免专家们面对面集体讨论,而是由专家单独提出意见。要想通过这个方法获得比较合理的结果,问卷的内容尤为重要,如果问卷设置不合理,那么得到的结果可能与现实会存在巨大的差距。

3. 比较博弈法

比较博弈法(又称权衡博弈法)要求被调查者在不同的物品与相应的货币之间进行选择。在环境资源的价值评估中,通常给出一定数额的货币和一定水平的环境物品或服务的价格,并给定调查者一组环境初始值,然后询问被调查者愿意选哪一项。被调查者进行取舍,根据被调查者的反应,不断提高价格水平,直到被调查者选择二者中的任意一个为止,那么,就能够得到被调查者的意愿。然后再给被调查者另一组组合,重复上述步骤。由多次的询问可以大概估算被调查者对边际环境质量变化的支付意愿。

调查评价法还包括优先评价法和无费用选择法。优先评价法是由霍茵维尔(Hoinville)和柏肖德(Berthoud)提出的,它的原理是个人效用在预算约束条件下的最大化。无费用选择法是用直接询问的方式来确定个人在各种不同数量商品或服务之间的选择,然后用选择提供的定量数据,推断出被询问者的支付意愿。

总体上看,通过调查评价法对环境价值进行评价存在着几点缺陷:第一,假想性。它确定个人对环境服务的支付意愿是以假想为基础的,而不是依据数理方法进行估算。第二,由于调查评价法所测定的是一种行为倾向,而不是市场上买卖的真正行为和真正支付,其调查结果必然存在偏差,从而导致评价结果可能会存在多种偏差,如策略偏差、手段偏差、信息偏差、假想偏差、嵌入效应引起的偏差等。

(四)费用评价法

根据工程建设所引起环境问题的相关费用开支,来衡量由于工程建设带来的环境成本的方法。费用评价法包括以下几种方法:

1. 防护费用法

防护费用法是指人们为了消除或减少生态系统退化的影响而支付的费用。在增加了这些措施后,就可以减少甚至杜绝生态环境系统退化或破坏带来的消极影响,产生相应的生态效益,避免了的损失就相当于获得的效益。用于评价生物多样性价值的物种保护基准价法就属于防护费用法,保护费用的成本根据其实际情况,可包括投入的固定资产、相关的事业费用、专项经费以及当地各行业因保护该环境而直接损失的产业收益等等。这种方法根据人们为防止或减少环境有害影响所支付或承担的费用,来推断人们对环境价值的估价,并且被广泛应用于揭示人们对空气和水污染等的防护支付意愿。

防护费用法运用的前提是:个人可以获取足够的信息以便正确地估计环境变化的危害,采取的防护行为不受诸如贫穷或市场不完善等因素的制约。然而,实际使用时会因多种行为动机和环境目标等因素导致环境价值过高或过低,使估价结果产生偏差。另外,防护费用法考查的仅仅是环境资源的使用价值,对环境资源的非使用价值无法作出合理的评估。

防护费用法由于其原理简单、直观,目前被广泛应用于揭示人们对空气和水污染、噪声、土地退化等方面的防护支付意愿。但它的应用也有着明显的约束条件,即要求人们能够了解来自环境的威胁,从而采取措施实施防护。由于人的认识总是有限的,因此不能对某些威胁作出准确预见。

2. 恢复费用法

生态环境的恶化给人们的生产、生活和健康造成了损害,为了消除这种损害,最直接的方法就是采取措施将恶化了的生态环境恢复到原来的状况。恢复费用法就是以环境破坏后将其恢复所需的费用作为对环境质量的最低估计的方法。

恢复费用法是在环境受到破坏后要将它恢复成原来的状态所要付出的费用,但是在现实中,是不可能将破坏了的环境或服务恢复到和原来相同的水平的,而且人的认识总是有限的,人们对许多环境破坏的影响还没有充分认识,所以使用这种方法很有可能造成对环境成本的低估。

(五)成果参照法

成果参照法实际上是一种间接的经济评价方法,它采用一种或多种基本评价方法的研究结果来估计类似环境影响的经济价值,并经修正、调整后移植到被评价的项目中。

成果参照法适用条件:在不具备必要数据、资金和时间等条件的情况下,往往就把在特定国家或地区运用这些评价方法分析或研究特定环境影响的成果,根据其他国家或地区的实际情况作出适当的调整后,应用于这些国家或地区类似环境影响的经济分析评价。

成果参照法的不足:一般来说,在市场上如果找到了与评估对象完全相同的参照物,就可以把参照物价值直接作为被评估对象的评估价值,但是实际上,完全相同的参照物几乎是不存在的,因此大多数情况下,获得的基本上是相类似的参照物价值,往往都需要进行价值调整。

（六）历史成本法

历史成本法包括两个内容：一是以历史成本为计量属性，二是以名义货币为计量单位。按照历史成本法进行会计核算时，对某项资产要求按其取得或交换时的实际价格计价入账，入账后的账面价值（历史成本）在该资产存续期间内一般不作调整。

历史成本法的适用条件：一是币值稳定假设，二是社会平均劳动生产率不变假设。币值稳定假设是名义货币作为计量单位的前提或基础，社会平均劳动生产率不变假设则是历史成本作为计量属性的前提或基础。货币币值稳定，保证了计量单位即名义货币的长期恒定；社会平均劳动生产率不变，保证了计量属性即历史成本长期恒定。以恒定的货币计量尺度计量恒定的历史成本，计量的结果当然是不变的。有了这两个前提，即使短期内商品的价格受供求关系影响可能会出现波动，但从长期看，由于商品内在价值的恒定和货币币值的恒定，价格波动的幅度会越来越小，最终将恒定在由不变币值货币和不变劳动生产率共同决定的价格上。

历史成本法存在的不足：历史成本法使得会计信息失真，资本无法保全。通货膨胀使企业资产的历史成本（取得成本）与其现行成本（重置成本）产生了明显的差距。对于历史成本会计的报表，不但由于物价总水平的上涨使其部分项目的计量变得不真实，而且由于具体资产的个别价格也会有不同程度的上涨，使得资产的账面价值明显脱离其现行价值，据此表达的会计信息也就变得虚假而不可靠。

近年来，国内外学者逐渐开始将一些先进的分析法运用到环境经济损益评价中，如层次分析法、模糊评价法、灰色关联度评价法。

（七）专家评价法

专家评价法即通过专家对项目的社会影响进行评价，并形成决策的方法；根据具体形式，可分为专家打分法和德尔菲法。专家打分法就是根据评价对象的具体情况选定评价指标，对每个指标均定出评价等级，每个等级的标准用分值表示。然后在此基础上，由专家对方案进行分析和评价，确定各个指标的分值，最后采用加法评分法、加乘评分法或加权评分法求出各方案的总分值，从而得到评价结果。

德尔菲法是一种匿名的反复函询的专家征询意见法。其基本程序是：明确问题；聘请专家；设计意见征询表格；函询专家意见；反馈信息归纳。统计；如专家意见不一致则再次重复设计—函询—归纳—统计的步骤，直到专家意见收敛、基本一致。德尔菲法的主要特点是：匿名性、反复性与收敛性。其优点在于：匿名可避免专家成员之间的相互影响，反复可以使各种意见得到充分的发表和论证，且经过多轮反馈，专家们意见就会趋于收敛和集中。如今，这种方法仍是比较实用的定性指标定量化方法，以及指标权重的确定方法。

专家评价法缺点：专家评价法的最主要的局限性在于其主观性，而且，在评价的过程中,评价者可能会因声誉、地位或其他原因而受到其他评价者的影响。

(八) 数据包络分析法

1975 年,著名运筹学家查恩斯、库派和罗兹提出了基于相对效率的数据包络分析法(Data Envelopment Analysis,简称 DEA 法)。数据包络分析法应用数学规划模型计算比较决策单元之间的相对效率,进而对评价对象进行评价。其思路是把每一个被评价对象作为一个决策单元,再由众多决策单元构成评价群体,通过对投入和产出比率的综合分析,以决策单元的各个投入和产出指标的权重为变量进行运算,确定有效生产前沿面,并根据各决策单元与有效生产前沿面的距离状况,确定各决策单元是否有效。

数据包络分析法不仅能解决多输入单输出问题,还适用于多输入、多输出的复杂系统,通过对输入和输出信息的综合分析,数据包络分析法可以得出每个方案中效率的数量指标,据此将各方案定级排序确定有效方案,并可给出其他方案非有效的原因和程度。

数据包络分析法优点:该方法的优点就是不需要预先估计参数,使之受不确定主观因素的影响较小,而且其在简化运算、减少误差等方面也有着很大的优越性。

数据包络分析法缺点:因为各个决策单元是从最有利于自己的角度分别求权重的,导致这些权重随决策单元的不同而不同,从而使得每个决策单元的特性缺乏可比性。

(九) 层次分析法

层次分析法是将与决策总是有关的元素分解成目标、准则、方案等层次,在此基础之上进行定性和定量分析的决策方法。该方法是美国运筹学家、匹茨堡大学教授萨蒂于 20 世纪 70 年代初提出的一种层次权重决策分析方法。水利工程环境影响的综合评价,是一个多目标、多层次的决策问题,它涉及对水利工程项目的社会、经济、技术、环境、生态等诸多方面因素的综合分析和比较。

层次分析法整个计算过程包括以下五个部分:(1) 建立递阶层次结构;(2) 构造判断矩阵并赋值;(3) 层次单排序与检验;(4) 层次总排序与检验;(5) 结果分析,得出最佳的评价方案。

层次分析法的优点:层次分析法把所评价的项目工程作为一个系统,按照分解、比较判断、综合的思维方式进行决策,成为继机理分析、统计分析之后发展起来的系统分析的重要工具。层次分析法中每一层的权重设置最后都会直接或间接影响到结果,而且在每个层次中的每个因素对结果的影响程度都是量化的,非常清晰、明确。

层次分析法的缺点:层次分析法的作用是从备选方案中选择较优者。这个作用正好说明了层次分析法只能从原有方案中进行选取,而不能为决策者提供解决问题的新方案。此外,在求判断矩阵的特征值和特征向量时,在二阶、三阶的时候,比较容易处理,但随着指标的增加,阶数也随之增加,计算上也变得越来越复杂。

（十）模糊评价法

模糊综合评价法是一种基于模糊数学的综合评标方法。该综合评价法根据模糊数学的隶属度理论把定性评价转化为定量评价，即用模糊数学对受到多种因素制约的事物或对象做出一个总体的评价。它具有结果清晰、系统性强的特点，能较好地解决模糊的、难以量化的问题，适合各种非确定性问题的解决。其基本步骤可以归纳为：（1）首先确定评价对象的因素论域；（2）确定评价等级论域；（3）建立模糊关系矩阵；（4）确定评价因素的权向量；（5）合成模糊综合评价结果向量；（6）对模糊综合评价结果向量进行分析。

模糊评价法优点：模糊评价法通过精确的数字手段处理模糊的评价对象，能对蕴藏信息呈现模糊性的资料作出比较科学、合理、贴近实际的量化评价。此外，评价结果是一个矢量，而不是一个点值，包含的信息比较丰富，既可以比较准确地刻画被评价对象，又可以进一步加工，得到参考信息。

模糊评价法缺点：使用该方法进行环境影响评价分析时指标权重矢量的确定主观性较强。当指标集较大，结果会出现超模糊现象，分辨率很差，无法区分谁的隶属度更高，甚至造成评判失败。

（十一）灰色关联度评价法

灰色关联度评价法是灰色系统分析方法的一种，是根据因素之间发展趋势的相似或相异程度，亦即"灰色关联度"，作为衡量因素间关联程度的一种方法。灰色系统理论提出了对各子系统进行灰色关联分析的概念，意图透过一定的方法，去寻求系统中各子系统（或因素）之间的数值关系。因此，灰色关联度分析对于一个系统发展变化态势提供了量化的度量，非常适合动态历程分析。

灰色系统关联分析的具体计算步骤如下：（1）确定能反映系统行为特征的参考数列和影响系统行为的比较数列；（2）对参考数列和比较数列进行无量纲化处理；（3）求参考数列与比较数列的灰色关联系数 $\xi(X_i)$；（4）求关联度；（5）排关联序。

灰色关联度评价法的优点：对于一个系统发展变化态势提供了量化的度量，非常适合环境损益分析动态的历程分析。此外使用该方法进行评价时对样本量的多少没有过多的要求，也不需要典型的分布规律，而且相较于以上两种方法计算量比较小，其结果与定性分析结果更吻合。

灰色关联度评价法缺点：该方法主要缺点在于需要对各项指标的最优值进行现行确定，主观性过强，同时部分指标最优值难以确定。

二、环境影响经济损益分析方法应用的局限

环境影响经济损益分析方法有诸多局限，比如说由于分析对象往往是无形的，其效

益或损失的货币化有很多困难或极具不确定性,很大程度上将影响评估结论的精确性和可靠性。具体讲,分析方法的局限性表现在以下几个方面:

1. 环境影响经济损益分析内容难以界定

环境影响及其经济分析理论的相关概念缺少统一的定义,这就会导致很多概念存在分歧和错误,给理论研究和实践应用带来了较大的阻碍。经济费用效益分析的一个难点是既要测算项目的直接费用和效益,还要考虑项目可能产生的间接费用和效益,也就是项目的外部效果,同时在可能的情况下,赋予外部效果适当的货币价值。投资项目的环境影响是典型的外部效果。由于环境问题的复杂性,很多环境变化所带来的影响,无论是有利的还是不利的,都只会在很久以后才充分显现出来,甚至是在项目运营活动早已结束的情况下环境影响才开始显现。且项目影响的空间范围往往也会远超过项目自身的地理边界。因此,在经济分析中,环境影响范围的界定问题,即环境影响经济损益分析的内容和范围难以界定,将影响研究结果。

2. 环境影响经济损益分析方法的应用范围不明确

价值评估方法的应用范围不明确,使用较为混乱,导致在具体选择生态资本价值评估方法时随意性太大。因为,对于一项生态资本,如果使用不同的方法,那么得出的结果往往差异很大,这会给进一步的研究和决策工作带来极大的不便。比如,通过估算环境和自然资源损失后对受体造成的效益或福利损失来表明资源价值(损害成本);也可能通过估算恢复或重置受损的环境功能所花费的成本(恢复重置成本),或者为避免损失而采取防护行为的成本(防护成本)等形式来表明资源价值。损害成本、防护成本、恢复成本哪一种所表明的资源价值更能够被经济体系所接受,取决于几种成本的比较。但是不同的评价方法得出的评价结果可能是不同的。研究经费的多少、时间的长短、信息的类型和可获得的信息量,以及获得信息的可行性和费用都会影响到环境影响经济分析方法的选择,而目前的研究对于这些方法的应用范围界定尚不明确。

3. 基础数据缺乏,研究方法中各参数难以确定

准确地确定环境变化给受害者造成影响的物理效果,即研究方法中各反应关系及参数的确定是环境影响经济效益分析的前提条件。环境影响的货币化分析是一个从影响的物理性变化转换到人们对这种变化的反应和感受,并用货币价值来计量的过程。以污染为例,这一过程需要包括以下几个环节的转换:人类因生产所造成的污染的超标剂量,以及这些污染物长期在环境中的积聚和暴露,人们对这些暴露的反应或因这些暴露所造成的危害,对这些危害的影响进行货币化分析即这些危害的货币成本。要做到这一点,需要详细的信息和对这些信息的正确理解。确定环境质量变化与受体变化之间的关系常常需要依靠假设,或者从其他地区所建立的剂量反应关系中获取信息,以及从大量的方法和资料中建立这种关系。另外在确定对受害者的影响时,很难把环境因素从其他影响因素中分离出来,从而可能会因处理方式的问题,导致误差的出现。而我国目前缺乏对各种基础数据的测量与获取,因此,在明确环境的物理影响并对影响进行货币量化时,

需要环境学家、自然科学家、经济学家的通力合作,需要大量基础数据的支撑。

4. 部分方法受主观影响较大,结果准确性较低

部分环境影响经济损益分析方法由于与现行市场无关而必须通过特别途径表达,如通过模拟市场方法调查人们的支付意愿来实现计量等。意愿评估法就是这样一种方法。运用意愿评估法,可直接询问一组调查对象对减少环境危害的不同选择所愿意支付的价格。例如在对旅游资源价值进行评估时,意愿调查法主要假设被调查者知道自己的个人偏好,有能力对环境物品或服务进行估价,并且愿意诚实地说出自己的支付意愿或受偿意愿。但实际调查中,很多受访者关注的往往不是被评估方案本身,从而使实际情况与理论设想不符。询问被调查者为了减少污染愿意支付多少,结果不是基于直接的或间接的市场行为,而是基于调查对象的回答,被调查者自身素质影响调查的真实性。此外,政府对环境信息的公开程度也会影响到评估结果的准确性。

第六节　研究的内容、原则、方法及思路

一、研究内容

本书致力于研究江苏省南水北调尾水导流工程对输水干线水质改善及区域环境影响,主要包括以下方面:

(1) 研究尾水导流工程对南水北调干线受水区水质改善的影响及其对社会影响的损益,并对受水区社会影响进行货币化计量。在对南水北调(江水北调)干线受水区的范围进行界定的基础上,针对尾水导流工程对南水北调干线受水区水质改善的影响,从对居民生活用水、工业用水、农业用水的影响三个方面展开定性分析;针对工程对干线受水区的社会影响,从对生活质量、居民健康、居民心理及环境意识四个方面,展开损益分析,并货币化计量工程对干线受水区居民生活质量的影响。

(2) 研究尾水导流工程对尾水导出区域的生态及社会环境影响的损益,并对尾水导出区域社会影响进行货币化计量。在对尾水导出区域范围进行界定的基础上,针对尾水导流工程对尾水导出区域的生态影响进行定性分析;着重探讨工程建设对尾水导出区居民环境意识的影响,并从影响居民生活污水排放意识、生活垃圾分类意识、绿色消费意识、环境保护支付意愿四个方面,引用社会学方法,对其进行损益分析和货币化计量。

(3) 研究尾水导流工程对尾水排入区域的生态及社会环境影响的损益,并对尾水排入区域社会环境影响进行货币化计量。在对尾水排入区域范围进行界定的基础上,研究尾水导流工程对尾水排入区域生态的影响并进行定性分析。从影响居民生活质量、身体健康、环境意识及心理四个方面,探讨尾水导流工程对尾水排入区域社会环境的影响,分

析其损益并进行货币化计量。

（4）研究尾水导流工程尾水资源化利用效益。在调查分析尾水用途的基础上，对徐州市、宿迁市、淮安市及江都区四地的尾水回用现状进行分析，探索尾水导流工程尾水资源化利用损益，并对其进行货币化计量。

（5）评价尾水导流工程环境损益，提出工程运行管理优化方案和后续工程建设建议。对徐州市、宿迁市、淮安市、江都区四地区尾水导流工程环境损益进行总结分析，并评价尾水导流工程的总体效果。在此基础上，从加强水质监测、建立健全水质风险预警联动机制及事故应急预案、实现环保与水利等部门的环境监测信息共享、提高尾水资源化利用规模、加大工程运行费用投入、进一步发挥尾水导流工程效益等方面提出运行管理优化方案；从关注环境风险、加大重点区域治污力度、完善配套工程建设、优水优用等方面提出后续工程建设的建议。

二、研究原则

为了系统全面地评价尾水导流工程建设对输水干线水质及区域环境影响的损益，实现对尾水导流工程效益的货币量化评价，本书的研究坚持科学全面、实事求是的基本原则，具体体现在以下方面：

（1）系统性原则。本书将对江苏省南水北调尾水导流工程涉及的工程规划、工程建设管理、工程运行管理、受水区水质及社会影响、尾水导出区域生态及社会环境、尾水排入区域生态及社会环境影响、尾水资源化利用损益分析及货币化计量、治污工程建设的总体效果以及投资决策建议、优化管理方案等进行全面系统的研究。

（2）客观性原则。南水北调工程是解决我国北方地区水资源紧缺的战略性水利基础设施，江苏省南水北调尾水导流工程是保证输水干线水质稳定达标的重要举措之一，备受社会各界的广泛关注，影响分析与计量借助国内专业机构技术力量，客观、公正、科学、真实地呈现江苏省南水北调尾水导流工程普遍关注的问题。

（3）突出重点的原则。在现有研究的基础上，突出我国政府与社会公众共同关注的资源利用、生态、社会环境影响研究。

（4）科学性原则。本书的研究以国内专业研究机构为主体，充分利用国内相关行业部门已有的研究成果，并进行实地重点调查，采用科学的计量分析方法，获得可靠的基础数据，为有关部门科学决策提供客观依据。

（5）现实性原则。本书的研究是在现有环境影响经济损益研究成果的基础上对江苏省南水北调尾水导流工程的环境影响进行的分析与计量。研究中将适当引用其现有成果，并根据江苏省各市具体情况进行修正。

三、研究方法及思路

(一)研究方法

(1)理论分析法:本书综合运用经济学、管理学、会计学等多学科的相关理论,借助归纳、演绎和推理的手段,广泛收集国内外文献资料并进行概括和总结,得出相对准确的结论,借鉴已有的环境经济评价方法,推导出适合该项目的评价方法和计量方式。

(2)实证分析法:为了全面了解尾水导流工程的环境、经济及社会影响,项目组在前期准备中专门制定了"江苏省南水北调尾水导流工程对南水北调干线受水区社会环境影响""江苏省南水北调尾水导流工程对尾水导出区域社会环境影响""江苏省南水北调尾水导流工程对尾水排入区域社会环境影响"的调查问卷。问卷以干线受水区、尾水导出区域、尾水排入区域受影响的居民为调查对象,从居民生活质量、环境意识、心理等方面对尾水导流工程产生的社会环境影响对象进行调查分析。项目组有专人负责对调研过程中取得的资料进行收集、整理、汇总,以保证及时、全面、科学地获取信息。通过构建尾水导流工程社会影响的评价与计量模型,对江苏省徐州市、宿迁市、淮安市、江都区尾水导流工程的环境经济效益进行实证分析。

(3)定性分析与定量分析相结合:本书在定性分析的基础上,对干线受水区水质改善及社会环境影响、尾水导出区域社会环境影响、尾水排入区域社会环境影响、尾水资源化利用损益等进行了货币化计量,以期客观衡量尾水导流工程对资源、环境、社会等带来的价值和损失。

(二)研究思路

本书通过文献研究、实地调研等方法,广泛收集江苏省南水北调尾水导流工程的建设运行情况资料和信息,借鉴现行环境影响经济损益分析方法,深入研究江苏省南水北调尾水导流工程的生态和社会影响,从多方面进行损益分析和货币化计量,进而对尾水导流工程环境损益进行总体评价,并提出现行尾水导流工程运行管理优化方案及后续工程建设建议,以期为江苏乃至全国南水北调治污工程规划制定、项目审批、投资决策、运行管理的决策提供参考依据。

技术路线图如图 1-1 所示：

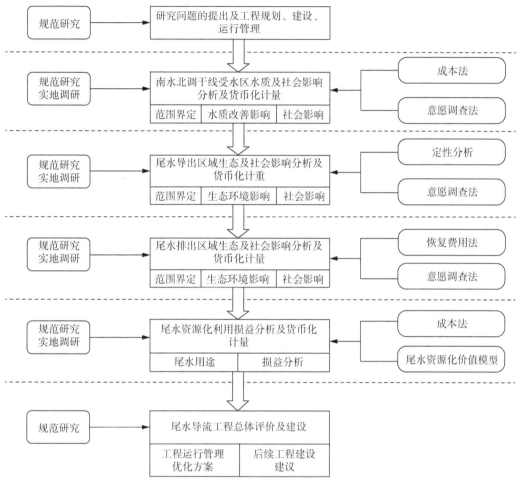

图 1-1 技术路线图

第二章

尾水导流工程对南水北调干线受水区水质改善及社会环境影响损益研究

江苏省南水北调尾水导流工程的实施,对于保证南水北调输水干线水质,打造输水干线"清水廊道"具有重要意义。尾水导流工程的实施,不仅具有直接改善南水北调输水干线水质的作用,更能提高南水北调干线受水区居民对于"南水"的心理接受程度,且对改善南水北调干线受水区居民生活质量等具有重要作用。基于此,本章节对于尾水导流工程对南水北调干线受水区的影响分析及货币化计量分为直接影响和间接影响两部分。其中,直接影响是指尾水导流工程实施对南水北调(江水北调)干线受水区居民生活、工业、农业用水的影响,间接影响包括对提高南水北调(江水北调)干线受水区居民对于"南水"的心理接受程度和改善受水区居民生活质量的影响等。考虑到数据的可获得性等问题,本章研究对于直接影响采用成本法进行货币化计量,对于间接影响采取意愿调查法进行货币化计量。

第一节　南水北调(江水北调)干线受水区范围的界定

一、南水北调(江水北调)干线徐州段受水区范围的界定

徐州市尾水导流工程是《南水北调东线工程治污规划》项目之一,也是实现建设南水北调东线清水廊道目标的重要保障。工程是将原排入京杭运河的房亭河、老不牢河、中运河邳州段三个控制单元的尾水集中收集并经资源化利用后向东导流排入新沂河。根据现场调研,南水北调(江水北调)干线徐州段受水区为徐州全境。

二、南水北调(江水北调)干线宿迁段受水区范围的界定

宿迁市尾水导流工程是国家南水北调东线治污项目之一,旨在解决宿迁运河沿线老城区段尾水排放出路的问题,实现该段运河的零排放;工程将城南污水处理厂尾水及运

西工业尾水集中收集后,通过压力管道输送至新沂河山东河口处东流入海。根据现场调研,南水北调(江水北调)干线宿迁段受水区为宿迁全境。

三、南水北调(江水北调)干线淮安段受水区范围的界定

淮安市尾水导流工程的任务主要有沿大运河、里运河铺设截污干管,收集原排入输水干线的废污水至污水处理厂;清除里运河污染底泥;实施清安河整治,将污水处理厂尾水经清安河排入淮河入海水道,以改善大运河及里运河淮安城区段的水质和水环境,是江苏省南水北调东线输水水质达到地表水Ⅲ类水质的重要保障措施之一。根据现场调研,南水北调(江水北调)干线淮安段受水区为淮安全境。

四、南水北调(江水北调)干线江都段受水区范围的界定

江都区隶属于扬州市,位于江苏省中部,长江下游北岸,京杭大运河东侧,里下河西南部边缘。目前南水北调东线一期工程江都境内有两条输水干线。一条是从长江三江营沿芒稻河引水,通过江都水利枢纽、高水河向北送入大运河;另一条是通过泰州高港枢纽从长江引水,沿泰州引江河、新通扬运河、三阳河、潼河经宝应站送入大运河。

根据现场调研,南水北调(江水北调)干线江都段受水区为三阳河流域(主要位于江都区东片和北片,新通以北、盐邵河以东)。

第二节　尾水导流工程对南水北调干线受水区水质改善影响机理分析

随着人类活动范围和规模的扩大,生产和生活用水急增,加上生产效率及水资源利用率较低,基础设施不完善,居民节水意识差,导致水资源浪费严重。同时,大量生活污水和工业废水进入水体,使原本脆弱的水体受到严重污染。特别是随着经济的发展,水质恶化速度很快,许多水体不同程度地出现富营养化的趋势。

水环境的污染和破坏,除了人们未能认识自然生态规律外,从经济原因上分析,主要是人们没有全面权衡经济发展和环境保护之间的关系,只考虑近期的直接的经济效果,忽视了经济发展给自然和社会带来的长远的影响。长期以来,人们把水资源看成取之不尽、用之不竭的"无偿资源",把大自然当作净化废弃物的场所。这种发展经济的方式,在生产规模不大、人口不多的时代,对自然和社会的影响,在时间上、空间上和程度上都是有限的。到了20世纪50年代,社会生产规模急剧扩大,人口迅速增加,经济密度不断提高,从自然界获取的资源大大超过自然界的再生增殖能力,水质恶化大大超过水环境容量。

为解决水环境问题,要在合理的水功能区划基础上同时考虑污染源控制和污染水体修复。控源是从减少污染物进入水体的角度来保障水生态系统的环境净化,主要包括工业点源治理、生活污水处理、城市初雨径流及其他面源污染物的收集控制等。尾水导流工程通过对污水进行收集并处理,在一定程度上可以减少污染物(如COD、NH_3-N等)进入南水北调干线,降低排入南水北调干线污染物的含量,确保各断面水质达到地表Ⅲ类水质标准。

一、尾水导流工程对南水北调干线徐州段受水区水质改善分析

1. 徐州市尾水导流工程对干线水质影响分析

根据对徐州市南水北调尾水导流工程建设处调研可知,徐州市南水北调尾水导流一期工程于2009年3月全面开工建设,2011年3月建成试通水,自2011年3月徐州市尾水导流工程正式开机试运行以来,工程运行情况稳定。截止到2016年6月底,徐州市尾水导流工程效益的发挥时间区间为5年3个月。

目前,接入尾水导流工程的污水处理厂均严格要求按照《城镇污水处理厂污染物排放标准》(GB 18918—2002)中的一级A标准进行监测排放,由徐州市供排水监测站负责监督检查。影响南水北调干线水质达标的指标较多,其中国家考核指标主要为COD和氨氮。在一级A标准下,COD日均最高允许排放浓度为50毫克/升,氨氮日均最高允许排放浓度为8毫克/升(在水温≤120℃时的控制指标)。

(1) 工程尾水导流量低于设计规模

根据调研,徐州市尾水导流工程自运行以来,实现年导流尾水量12 556万吨(见表2-1),低于污水处理厂的设计日排放量,占设计排放量的79.54%。徐州市尾水导流工程目前的导流量低于设计流量,主要原因在于部分农村地区,如邳州市、徐州经济开发区(大庙镇)、铜山区等地区污水收集配套管网建设力度不够,农村生活污水难以收集。

表2-1 徐州市尾水导流一期工程河道接入污水厂的排放量

污水处理厂	实际日排放量(万吨)	设计日排放量(万吨)
荆马河污水处理厂1期	10	10
荆马河污水处理厂2期	4.6	5
三八河污水处理厂1期	3.3	3
三八河污水处理厂2期	4.5	4
贾汪污水处理厂	2.1	2
邳州污水处理厂	2	4
桃源河污水处理厂	0.6	1.25
大吴污水处理厂	2.6	4.5
经济开发区污水处理厂	2.75	4.5
大庙污水处理厂	1.55	3

续表

污水处理厂	实际日排放量(万吨)	设计日排放量(万吨)
丁万河污水处理厂	0.4	2
合计	34.4	43.25
年总量	25 112	31 572.5

注:数据由徐州市南水北调尾水导流工程建设处提供。

（2）污染物削减量保持稳定,水质达标率持续提升

通过对工程的实地调研可知,从 2011 年 3 月试运行起,截止到 2016 年 6 月底,徐州市尾水导流工程截水导走量合计共 65 919 万吨。根据城镇污水处理厂污染物排放一级 A 标准保守计算,COD 削减量合计 32 959.50 吨,氨氮削减量合计 5 273.52 吨,COD 和氨氮等污染物削减量保持稳定,污染物削减能力位于四工程之首。具体见表 2-2 所示。

表 2-2　徐州市尾水导流工程 COD 和氨氮削减量表

年度	导流尾水量(万吨)	COD(吨)	氨氮(吨)
2011	9 417	4 708.50	753.36
2012	12 556	6 278.00	1 004.48
2013	12 556	6 278.00	1 004.48
2014	12 556	6 278.00	1 004.48
2015	12 556	6 278.00	1 004.48
2016	6 278	3 139.00	502.24
合计	65 919	32 959.50	5 273.52

根据各月通报的南水北调东线江苏段控制断面水质状况,自尾水导流工程开工运行以来,各控断面水质达标率持续提升,南水北调干线徐州段 6 个断面在运行期间水质达标率如图 2-1 所示,其中单集闸水质达标率提升最多,其次为沙集西闸、不牢河。徐州市南水北调工程干线监控断面水质化验具体数据如表 2-10～表 2-13 所示(见本节末)。

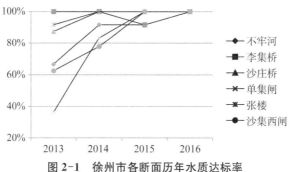

图 2-1　徐州市各断面历年水质达标率

（数据来源:南水北调东线江苏段水质状况通报）

综上,自徐州市尾水导流工程实施以来,徐州市各断面水质达标率不断提高,到

2016 年各断面水质达标率均已达到 100%。徐州市涉及的老不牢河、运南灌渠、鲍十河、沙埠大沟、马庄河、湖东自排河、荆马河尾段各水质指标（COD、氨氮、总磷、总氮、pH 值等）得到了较好的控制,绝大部分时间段的水质指标远高于《城镇污水处理厂污染物排放标准》（GB 18918—2002）中的一级 A 标准,充分保证了南水北调干线徐州段水质。

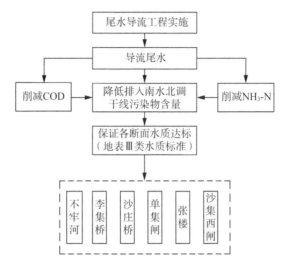

图 2-2 徐州市尾水导流工程对干线水质影响的机理框图

2. 新沂河尾水导流工程对干线水质影响分析

根据《南水北调新沂市尾水导流工程竣工预验收建设管理工作报告》,新沂尾水导流工程设计规模为 13.9 万吨/天,设计流量为 1.61 立方米/秒,但据调研,工程自 2014 年10 月开始运行,2015 年因配套污水处理厂处理能力不达标,尾水水质情况未检测,于2016 年正式开始进行尾水水质检测,但工程环保未验收,工程效益发挥情况有待商榷,且新沂河尾水导流工程并不涉及南水北调国控监测断面,距离南水北调干线有一定的距离。因此,新沂河尾水导流工程对干线水质的影响在此暂不考虑。

3. 睢宁尾水导流工程对干线水质影响分析

截至调研日期,即 2016 年 6 月,睢宁尾水导流工程未正式运行,未发挥尾水导流效益,故未对南水北调干线水质发生影响。

二、尾水导流工程对南水北调干线宿迁段受水区水质改善分析

根据对宿迁市南水北调尾水导流工程建设处调研可知,自 2011 年 9 月 10 日宿迁市尾水导流工程正式开机试运行以来,总提升泵站 24 小时不间断运行。工程运行情况稳定,截止到 2016 年 6 月底,宿迁市尾水导流工程发挥效益的时间区间为 4 年 9 个月 21 天（共 1 756 天）。

1. 工程尾水导流量低于设计规模,尾水水质稳定

据调研,截至 2016 年 6 月,宿迁市尾水导流工程目前每天截水导走量比较稳定,为

3.5万吨/天,低于规划的7万吨/天的设计规模,实际导流量为设计规模的50%。

根据对城南污水处理厂出水量和出水浓度的调研,自导流工程开工运行以来,工程导流水质日趋稳定,尤其是经过2011、2012年的调试运行,自2013年以后尾水导流工程导走的尾水水质指标(COD、NH_3-N)浓度基本稳定,具体见表2-3所示。

表2-3　宿迁市南水北调截污导流工程水质化验统计表

年度	月份	水质参数(月平均值)			备注
		COD(毫克/升)	NH_3-N(毫克/升)	pH 值	
2011 年	9 月	24.46	3.22	6.91	因9月尚未启用监测,参照10月~12月的平均值
	10 月	27.71	5.46	6.94	
	11 月	22.80	2.01	6.89	
	12 月	22.87	2.19	6.89	
2012 年	1 月	25.00	2.18	6.94	
	2 月	26.10	5.60	7.16	
	3 月	29.02	5.24	7.24	
	4 月	29.75	7.14	7.19	
	5 月	37.39	7.35	7.25	
	6 月	29.98	5.17	6.98	
	7 月	22.86	3.14	6.81	
	8 月	22.61	6.50	5.94	
	9 月	27.25	3.78	6.54	
	10 月	23.11	1.74	6.32	
	11 月	18.72	1.25	6.92	
	12 月	28.32	1.30	6.15	
2013 年	1 月	30.33	5.48	8.43	
	2 月	31.90	2.39	7.70	
	3 月	45.26	2.06	7.23	
	4 月	38.45	2.10	7.08	
	5 月	28.00	1.74	6.18	
	6 月	25.60	2.20	7.70	
	7 月	23.01	1.20	7.71	
	8 月	25.72	0.76	6.45	
	9 月	32.97	3.47	6.41	
	10 月	23.30	2.10	6.30	
	11 月	24.80	2.30	6.40	
	12 月	27.71	2.99	6.58	

年度	月份	水质参数(月平均值)			备注
		COD(毫克/升)	NH$_3$-N(毫克/升)	pH 值	
2014 年	1 月	35.50	3.13	7.84	
	2 月	36.74	6.79	8.03	
	3 月	30.80	6.35	7.47	
	4 月	38.45	2.10	7.08	
	5 月	21.86	2.66	6.34	
	6 月	18.99	1.40	6.80	
	7 月	18.49	1.59	6.71	
	8 月	22.85	1.95	6.73	
	9 月	18.94	3.85	7.30	
	10 月	21.72	1.58	7.14	
	11 月	23.64	1.36	6.66	
	12 月	21.13	2.07	6.91	
2015 年	1 月	25.76	2.90	7.08	参照 2014 年的年平均数据
	2 月	25.76	2.90	7.08	
	3 月	25.76	2.90	7.08	
	4 月	25.76	2.90	7.08	
	5 月	25.76	2.90	7.08	
	6 月	25.76	2.90	7.08	
	7 月	25.76	2.90	7.08	
	8 月	25.76	2.90	7.08	
	9 月	25.76	2.90	7.08	
	10 月	25.76	2.90	7.08	
	11 月	25.76	2.90	7.08	
	12 月	25.76	2.90	7.08	
2016 年	1 月	25.76	2.90	7.08	参照 2014 年的年平均数据
	2 月	25.76	2.90	7.08	
	3 月	25.76	2.90	7.08	
	4 月	25.76	2.90	7.08	
	5 月	25.76	2.90	7.08	
	6 月	25.76	2.90	7.08	

2. 污染物削减量基本稳定,水质达标率持续提升

由于宿迁市尾水导流工程的作用,截止到 2016 年 6 月底,COD 削减量每年保持约 330 吨/年,合计 1 639.54 吨;氨氮削减量合计 189.42 吨,污染物削减能力位于四工程末

位(见表2-4)。

表 2-4　宿迁市 COD 和氨氮削减量表

年度	COD(吨)	氨氮(吨)
2011 年	96.80	12.77
2012 年	341.79	53.68
2013 年	379.77	30.64
2014 年	328.02	36.77
2015 年	329.07	37.07
2016 年	164.09	18.49
合计	1 639.54	189.42

　　在此基础上,宿迁市尾水导流工程实施后,2013—2016 年宿迁市南水北调干线各断面水质达标率逐渐上升且趋于稳定,尤其临淮乡监测点水质变化明显,具体变化如图 2-3 所示。工程水质化验具体数据如表 2-10～表 2-13 所示(见本节末)。

　　根据水质化验数据,2013 年至 2016 年 6 月各断面水质达标月份明显增多,2015 年 12 月起每月水质均

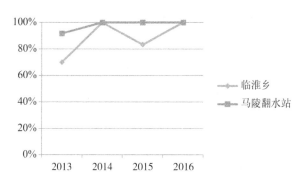

图 2-3　宿迁市各断面历年水质达标率

达标。宿迁市尾水导流工程的实施,降低了排入南水北调东线的污染物含量,有力地保证了南水北调东线水质的达标率,对于改善南水北调干线宿迁段受水区沿线居民的饮用水条件,提高工业和农业用水水质具有重要意义。

三、尾水导流工程对南水北调干线淮安段受水区水质改善分析

　　根据对淮安市尾水导流工程竣工建设管理报告可知,2009 年 12 月 27 日,淮安市尾水导流工程天津路污水管道单位工程暨合同项目完成验收。2010 年 12 月 31 日,淮安市尾水导流工程里运河清淤及板桩护岸工程共 6 个标段单位工程暨合同项目完成验收。2011 年 12 月 23 日,淮安市尾水导流工程清安河整治施工 7—12 标段等 6 个标段单位工程暨合同项目完成验收。2011 年 12 月 23 日,淮安市尾水导流工程北京南路污水提升泵站等 5 个截污干管标段单位工程暨合同项目完成验收。至 2013 年,各施工单位与项目法人间均办理了工程移交手续,并及时将工程移交项目法人。考虑到工程建设是一个分步实施、工程效益逐步发挥的过程,在此,从 2010 年 12 月 31 日开始,截止到 2016 年 6 月底,淮安市尾水导流工程效益的发挥时间区间为 5 年 6 个月(共 2 008 天)。如图 2-4 所示。

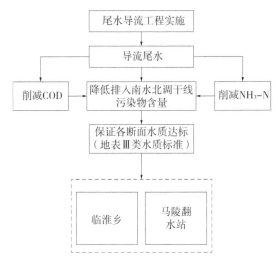

图 2-4　宿迁市尾水导流工程对干线水质影响的机理框图

工程尾水导流量基本达到设计规模,尾水水质稳定。淮安市尾水导流工程自建成验收后并入淮安市市政工程中,并由市政部门共同管理,其尾水导流能力得到充分发挥,基本达到设计规模。

通过对四季青污水处理厂(北厂区)、四季青污水处理厂(南厂区)和第二污水处理厂出水量和出水浓度的调研,淮安市尾水导流工程排水执行《城镇污水处理厂污染物排放标准》(GB 18918—2002)一级 B 标准(具体见表 2-5),尾水水质非常稳定,尾水排入清安河。

表 2-5　淮安市南水北调截污导流工程水质化验统计表

污水处理厂	年度	出水量(万吨)	水质参数(毫克/升)		备注
			COD	NH₃-N	
四季青污水处理厂(北厂区)	2011 年	1 981.76	60.00	15.00	出水量根据 2013 年与 2014 年平均值估算,浓度按照一级 B 标准
	2012 年	1 981.76	60.00	15.00	
	2013 年	2 044.56	60.00	15.00	浓度按照一级 B 标准
	2014 年	1 918.97	31.90	6.16	
	2015 年	1 981.76	60.00	15.00	出水量根据 2013 年与 2014 年平均值估算,浓度按照一级 B 标准
	2016 年	990.88	60.00	15.00	
	小计	10 899.69	—	—	
四季青污水处理厂(南厂区)	2011 年	1 064.79	60.00	15.00	出水量根据 2013 年与 2014 年平均值估算,浓度按照一级 B 标准
	2012 年	1 064.79	60.00	15.00	
	2013 年	1 016.08	60.00	15.00	浓度按照一级 B 标准
	2014 年	1 113.51	49.00	1.84	
	2015 年	1 064.79	60.00	15.00	出水量根据 2013 年与 2014 年平均值估算,浓度按照一级 B 标准
	2016 年	532.40	60.00	15.00	
	小计	5 856.36	—	—	

续表

污水处理厂	年度	出水量 （万吨）	水质参数（毫克/升）		备注
			COD	NH₃-N	
第二污水处理厂	2011 年	3 437.63	60.00	15.00	出水量根据 2013 年与 2014 年平均值估算，浓度按照一级 B 标准
	2012 年	3 437.63	60.00	15.00	
	2013 年	3 589.92	60.00	15.00	浓度按照一级 B 标准
	2014 年	3 285.33	46.20	1.77	
	2015 年	3 437.63	60.00	15.00	出水量根据 2013 年与 2014 年平均值估算，浓度按照一级 B 标准
	2016 年	1 718.81	60.00	15.00	
	小计	18 906.95	—	—	
合计		35 663.00	—	—	

（2）污染物削减量稳定，水质达标率提升，水质总体保持稳定

截止到 2016 年 6 月底，截水导走量合计 35 663.00 万吨，COD 削减量合计 20 282.72 吨，氨氮削减量合计 4 598.63 吨，污染物削减规模仅次于徐州尾水导流工程的削减规模，位于四工程中第二位（见表 2-6）。

表 2-6　淮安市 COD 和氨氮削减量表

年度	COD（吨）	氨氮（吨）
2011 年	3 890.51	972.63
2012 年	3 890.51	972.63
2013 年	3 990.34	997.58
2014 年	2 675.59	196.85
2015 年	3 890.51	972.63
2016 年	1 945.26	486.31
合计	20 282.72	4 598.63

淮安市尾水导流工程的实施，加快了淮安治污进程，极大地改善了水质状况。根据淮安市重点水功能区 2006—2015 年水质公报，里运河作为调水保护区，水质呈逐年好转趋势。工程实施前，2006 年所监测的断面水质只有 11 月份达标，其余皆不达标，为 V 类～劣 V 类；从 2010 年起，公报显示里运河各断面水质有所好转，每年除少数月份个别断面水质未达标外其余均达标（2010 年 2 个月份各 2 个断面未达标，2011 年 6 个月份各 1 个断面未达标，2013 年 2 个月份各 2 个断面未达标，2014 年 2 个月份各 1 个断面未达标，2015 年 1 个月份 1 个断面未达标），总体符合水质功能区划要求，总体水质状况良好，水质总体保持稳定。其中 2010 年公报认为里运河水质明显改善的主要原因是尾水导流工程实施逐步到位。

淮安市尾水导流工程实施后，2013—2016 年淮安市南水北调干线各断面水质达标率

如图 2-5 所示,其中老山乡断面水质达标率提升最快,其次为塔集断面。南水北调工程干线水质化验具体数据如表 2-10—表 2-13 所示(见本节末)。

总之,淮安市尾水导流工程的实施使得淮安市水质得到不断改善,2015 年起淮安市各断面水质每月均达标,该工程对于改善南水北调干线水质具有举足轻重的作用,对于保障南水北调干线淮安段受水区水质至关重要。

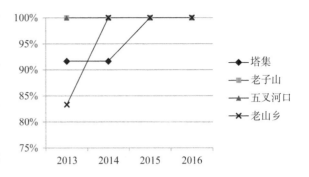

图 2-5 淮安市各断面历年水质达标率

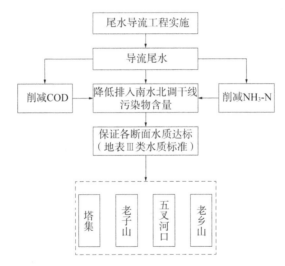

图 2-6 淮安市尾水导流工程对干线水质影响的机理框图

四、尾水导流工程对南水北调干线江都段受水区水质改善分析

江都区尾水导流工程主要是在江都区城区污水收集处理的基础上,新建尾水提升泵站和尾水输送管道,将尾水输送至长江,以保证南水北调输水干线三阳河段水质。

江都区尾水导流工程于 2010 年 12 月顺利通过竣工验收,这是南水北调东线一期工程 25 项截污导流工程中,第一个全面建成、第一个落实管理单位、第一个正式投入运行的项目,对南水北调东线源头地区调水水质稳定达标发挥重要作用。自工程正式投入运行以来,运行状况一直良好,工程效益逐步显现,江都境内老通扬运河及相关水系水质有了明显改善,有力地保障了南水北调东线源头调水水质。截止到 2016 年 6 月底,江都区尾水导流工程效益的发挥时间区间为 6 年 4 个月 24 天。

（1）工程尾水导流量基本达到设计规模，尾水水质稳定

江都区尾水导流工程导流规模基本达到设计规模，其中设计规模 4 万吨/天，实际规模为 3.5 万吨/天，具体见表 2-7。

根据对江都污水处理厂及尾水导流工程进水和出水浓度的调研，自 2010 年工程运行以来，至 2016 年 6 月份止，江都区尾水导流工程截导的尾水中污染物逐渐减少，尾水水质标准提高，具体见表 2-8。

表 2-7　江都污水厂 2011 年—2016 年进、出水情况

年份	进水总量（万吨）	日均进水（吨）	出水总量（万吨）	日均出水（吨）
2011 年	1 296.946	34 958.11	1 271.817	34 280.78
2012 年	1 310.616	35 809.18	1 253.557	34 250.19
2013 年	1 285.662	35 223.62	1 198.032	32 822.79
2014 年	1 330.621	36 455.38	1 277.303	34 994.61
2015 年	1 350.767	37 007.30	1 295.692	35 498.41
2016 年	648.750	35 645.60	610.322	33 534.19

表 2-8　江都区南水北调尾水导流工程水质化验统计表

年度	水质参数（年平均值）		备注
	COD（毫克/升）	NH$_3$-N（毫克/升）	
2010 年	40.67	5.05	
2011 年	38.08	3.25	
2012 年	38.58	6.82	
2013 年	28.50	1.34	
2014 年	36.17	1.35	
2015 年	25.31	1.48	
2016 年	25.31	1.48	参照 2015 年的平均值

（2）污染物削减量基本稳定，水质达标率提升，水质总体保持稳定

根据对江都污水处理厂出水量和出水浓度的调研，截止到 2016 年 6 月底，江都区尾水导流工程截水导走量合计共 6 906.72 万吨，其中 COD 削减量合计 2 717.14 吨，氨氮削减量合计 245.73 吨。削减污染物能力低于徐州及淮安尾水导流工程，高于宿迁尾水导流工程，居于第三。具体数据见表 2-9。

表 2-9　江都区 COD 和氨氮削减量表

年度	COD（吨）	氨氮（吨）
2010	463.36	57.54
2011	484.35	41.33

续表

年度	COD（吨）	氨氮（吨）
2012	483.66	85.51
2013	341.44	16.01
2014	461.96	17.21
2015	327.91	19.12
2016	154.46	9.01
合计	2 717.14	245.73

注：2010 年出水量参考 2011 年数据。

江都区尾水导流工程实施后，2013—2016 年江都区段南水北调干线各断面水质达标率提升并保持稳定，尤其是五垛西大桥断面水质达标率有了飞跃提升，如图 2-7 所示。南水北调工程干线国控断面水质化验具体数据如表 2-10—表 2-13 所示（见本节末图）。

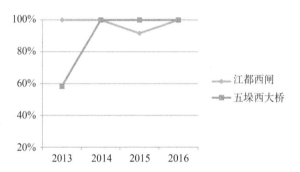

图 2-7　江都区各断面历年水质达标率

综上所述，江都区尾水导流工程的建设及实施，对于确保南水北调水质持续稳定优于Ⅲ类水标准，对确保全线水质达到Ⅲ类水标准至关重要。江都区尾水导流工程的实施，对于改善南水北调干线江都段受水区居民生活、工业、农业用水水质具有极大意义。

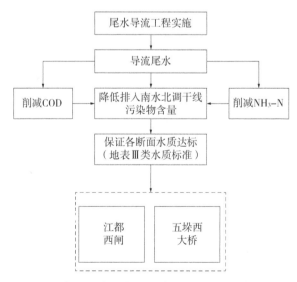

图 2-8　江都区尾水导流工程对干线水质影响的机理框图

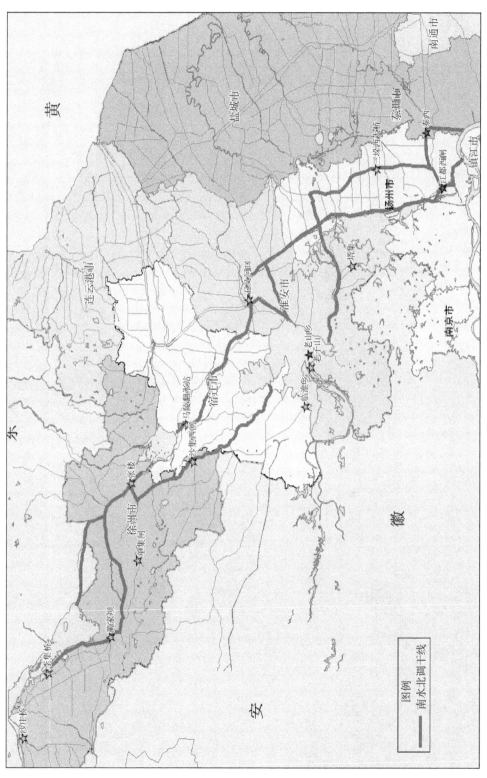

图 2-9　南水北调断面图

表 2-10 2013 年南水北调东线断面水质评价结果

所在地区	控制单元	断面名称	水质目标	1 月（按 6 项指标评价）			2 月			3 月			4 月			5 月（按 22 项指标评价）			5 月（按 6 项指标评价）			6 月		
				水质类别	是否达标	超标因子及超标倍数	水质类别	是否达标	超标因子及超标倍数	水质类别	是否达标	超标因子及超标倍数	水质类别	是否达标	超标因子及超标倍数	水质类别	是否达标	超标因子及超标倍数	水质类别	是否达标	超标因子及超标倍数	水质类别	是否达标	超标因子及超标倍数
徐州	不牢河	蔺家坝	Ⅲ	Ⅲ	√		河道整治	—		河道整治	√		河道整治	—		V	×	氟化物（0.12）、化学需氧量（0.52）、总磷（0.10）	Ⅲ	√		Ⅲ	√	
	沿河	李集桥		Ⅲ	√		Ⅲ	√		Ⅲ	√		Ⅲ	√		Ⅲ	√		Ⅲ	√		Ⅲ	√	
	复新河	沙庄桥		河道整治	—	未监测	河道整治	—		河道整治	√		河道整治	—		Ⅳ	×	氟化物（0.04）、化学需氧量（0.11）	Ⅲ	√		Ⅲ	√	
	房亭河	单集闸		Ⅳ	×	氨氮（0.16）	Ⅲ	√		Ⅳ	√	氨氮（0.36）、五日生化需氧量（0.05）	劣V	×	高锰酸盐指数（0.1）、五日生化需氧量（1.6）	V	×	高锰酸盐指数（0.07）、氟化物（0.06）、化学需氧量（0.57）	Ⅳ	×	高锰酸盐指数（0.07）	Ⅲ	√	
	京杭运河邳州段	张楼		Ⅱ	√		Ⅲ	√		Ⅲ	√		Ⅱ	√		Ⅳ	×	总磷（0.40）	Ⅲ	√		Ⅲ	√	
	徐沙河	沙集西闸		河道整治	—	未监测	河道整治	—		河道整治	—		河道整治	√		劣V	×	化学需氧量（0.17）、总磷（1.45）	Ⅲ	√		Ⅲ	√	
	老汴河	临淮乡		Ⅲ	√		Ⅲ	√		河道整治	—		河道整治	—		Ⅲ	√		Ⅲ	√		Ⅲ	√	
宿迁	京杭运河宿迁段	马陵翻水站		Ⅲ	√		Ⅲ	√		Ⅲ	√		Ⅲ	√		Ⅲ	√		Ⅲ	√		Ⅲ	√	

续表

所在地区	控制单元	断面名称	水质目标	1月（按6项指标评价）			2月			3月			4月			5月（按22项指标评价）			5月（按6项指标评价）			6月		
				水质类别	是否达标	超标因子及超标倍数	水质类别	是否达标	超标因子及超标倍数	水质类别	是否达标	超标因子及超标倍数	水质类别	是否达标	超标因子及超标倍数	水质类别	是否达标	超标因子及超标倍数	水质类别	是否达标	超标因子及超标倍数	水质类别	是否达标	超标因子及超标倍数
淮安	入江水道	塔集	Ⅲ	Ⅲ	√		Ⅲ	√		Ⅲ	√		Ⅲ	√		Ⅲ	√		Ⅲ	√		Ⅱ	√	
	淮河盱眙段	老子山		Ⅲ	√		Ⅲ	√		Ⅲ	√		Ⅲ	√		Ⅲ	√		Ⅲ	√		Ⅲ	√	
	京杭运河淮安段	五叉河口		Ⅲ	√		Ⅳ	×	高锰酸盐指数(0.4)	Ⅲ	√		Ⅱ	√		Ⅲ	√		Ⅲ	√		Ⅲ	√	
	洪泽湖	老山乡		Ⅲ	√		Ⅲ	√		Ⅱ	√		Ⅱ	√		劣Ⅴ	×	总氮(1.51)、总磷(1.40)	Ⅲ	√		Ⅱ	√	
扬州	新通扬运河	江都西闸	Ⅲ	Ⅲ	√		Ⅲ	√		Ⅲ	√		Ⅲ	√		Ⅲ	√		Ⅲ	√		Ⅲ	√	
	北澄子河	三垛西大桥		Ⅳ	×	五日生化需氧量(0.1)	Ⅲ	√		Ⅲ	√		Ⅲ	√		劣Ⅴ	×	溶解氧(0.30)、总磷(1.30)	Ⅳ	×	溶解氧(0.3)	Ⅲ	√	

表 2-10　2013 年南水北调东线断面水质评价结果

所在地区	控制单元	断面名称	水质目标	7月 水质类别	7月 是否达标	7月 超标因子及超标倍数	8月 水质类别	8月 是否达标	8月 超标因子及超标倍数	9月 水质类别	9月 是否达标	9月 超标因子及超标倍数	10月 水质类别	10月 是否达标	10月 超标因子及超标倍数	11月(按22项指标评价) 水质类别	11月(按22项指标评价) 是否达标	11月(按22项指标评价) 超标因子及超标倍数	11月(按6项指标评价) 水质类别	11月(按6项指标评价) 是否达标	11月(按6项指标评价) 超标因子及超标倍数	12月 水质类别	12月 是否达标	12月 超标因子及超标倍数
徐州	不牢河	南家坝	III	V	×	溶解氧(0.26)、氨氮(0.74)	IV	×	溶解氧(0.20)	III	√		III	√		III	√		III	√		III	√	
	沿河	李集桥	III	III	√		III	√		III	√		III	√		III	√		III	√		III	√	
	复新河	沙庄桥	III	III	√		III	√		III	√		III	√		III	√		III	√		III	√	
	房亭河	单集闸	III	劣V	×	氨氮(1.57)	IV	×	高锰酸盐指数(0.02)	III	√		IV	×	五日生化需氧量(0.33)、高锰酸盐指数(0.08)	IV	×	氟化物(0.28)	III	√		III	√	
	京杭运河邳州段	张楼	III	IV	×	溶解氧(0.35)	III	√		III	√		III	√		II	√		II	√		II	√	
	徐沙河	沙集	III	IV	×	溶解氧(0.09)	III	√		III	√		III	√		III	√		III	√		III	√	
	老汴河	临淮乡	III	IV	×	溶解氧(0.09)	IV	×	溶解氧(0.02)	III	√		III	√		IV	×	化学需氧量(0.14)	IV	×	五日生化需氧量(0.05)	III	√	
宿迁	京杭运河宿迁段	马陵翻水站	III	III	√		III	√		III	√		III	√		IV	×	五日生化需氧量(0.05)	IV	×	溶解氧(0.006)	II	√	
淮安	入江水道	塔集	III	II	√		IV	×	溶解氧(0.09)	II	√		II	√		IV	×	溶解氧(0.006)	III	√		III	√	
	淮河盱眙段	老子山	III	II	√		III	√		III	√		III	√		III	√		II	√		III	√	
	京杭运河淮安段	五叉河口	III	II	√		III	√		III	√		III	√		III	√		III	√		III	√	
	洪泽湖	老山乡	III	III	√		III	√		III	√		III	√		IV	×	总氮(0.26)、总磷(1.0)	II	√		II	√	

续表

所在地区	控制单元	断面名称	水质目标	7月			8月			9月			10月			11月（按22项指标评价）			11月（按6项指标评价）			12月		
				水质类别	是否达标	超标因子及超标倍数	水质类别	是否达标	超标因子及超标倍数	水质类别	是否达标	超标因子及超标倍数	水质类别	是否达标	超标因子及超标倍数	水质类别	是否达标	超标因子及超标倍数	水质类别	是否达标	超标因子及超标倍数	水质类别	是否达标	超标因子及超标倍数
扬州	新通扬运河	江都西闸	III	II	√		II	√		II	√		II	√		III	√		II	√		II	√	
	北澄子河	三垛西大桥		V	×	溶解氧（0.42）	IV	×	溶解氧（0.37）	III	√		III	√		V	×	溶解氧（0.24）、氨氮（0.11）、五日生化需氧量（1.4）、化学需氧量（0.08）	V	×	溶解氧（0.24）、氨氮（0.11）、五日生化需氧量（1.4）	III	√	

表 2-11　2014 年南水北调东线断面水质评价结果

所在地区	控制单元	断面名称	水质目标	1 月 水质类别	1 月 是否达标	1 月 超标因子及超标倍数	2 月 水质类别	2 月 是否达标	2 月 超标因子及超标倍数	3 月 水质类别	3 月 是否达标	3 月 超标因子及超标倍数	4 月 水质类别	4 月 是否达标	4 月 超标因子及超标倍数	5 月 水质类别	5 月 是否达标	5 月 超标因子及超标倍数	6 月 水质类别	6 月 是否达标	6 月 超标因子及超标倍数
徐州	不牢河	蔺家坝	Ⅲ	Ⅲ	√		Ⅲ	√		Ⅲ	√		Ⅲ	√		Ⅲ	√		Ⅲ	√	
	沿河	李集桥		Ⅲ	√		Ⅲ	√		Ⅲ	√		Ⅲ	√		Ⅲ	√		Ⅲ	√	
	复新河	沙庄桥		Ⅲ	√		Ⅲ	√		Ⅲ	√		Ⅲ	√		Ⅲ	√		Ⅲ	√	
	房亭河	单集闸		Ⅲ	√		Ⅲ	√		Ⅱ	√		Ⅲ	√		Ⅲ	√		Ⅲ	√	
	京杭运河邳州段	张楼		Ⅱ	√		Ⅲ	√		Ⅲ	√		Ⅲ	√		Ⅱ	√		Ⅱ	√	
	徐沙河	沙集西闸		Ⅲ	√		Ⅱ	√		Ⅱ	√		Ⅱ	√		Ⅱ	√		Ⅳ	×	溶解氧
宿迁	老汴河	临淮乡		Ⅱ	√		Ⅲ	√		Ⅱ	√		Ⅲ	√		Ⅲ	√		Ⅲ	√	
	京杭运河宿迁段	马陵翻水站		Ⅲ	√		Ⅲ	√		Ⅱ	√		Ⅲ	√		Ⅲ	√		Ⅲ	√	
淮安	入江水道	塔集		Ⅱ	√		Ⅱ	√		Ⅱ	√		Ⅲ	√		Ⅲ	√		Ⅲ	√	
	淮河盱眙段	老子山		Ⅱ	√		Ⅲ	√		Ⅲ	√		Ⅲ	√		Ⅱ	√		Ⅱ	√	
	京杭运河淮安段	五叉河口		Ⅲ	√		Ⅲ	√		Ⅲ	√		Ⅲ	√		Ⅲ	√		Ⅲ	√	
	洪泽湖	老山乡		Ⅲ	√		Ⅱ	√		Ⅱ	√		Ⅱ	√		Ⅱ	√		Ⅱ	√	
扬州	新通扬运河	江都西闸		Ⅱ	√		Ⅱ	√		Ⅲ	√		Ⅲ	√		Ⅱ	√		Ⅲ	√	
	北澄子河	三棵西大桥		Ⅲ	√		Ⅲ	√		Ⅲ	√		Ⅲ	√		Ⅲ	√		Ⅲ	√	

表 2-11　2014 年南水北调东线断面水质评价结果

所在地区	控制单元	断面名称	水质目标	7月			8月			9月			10月			11月			12月		
				水质类别	是否达标	超标因子及超标倍数	水质类别	是否达标	超标因子及超标倍数	水质类别	是否达标	超标因子及超标倍数	水质类别	是否达标	超标因子及超标倍数	水质类别	是否达标	超标因子及超标倍数	水质类别	是否达标	超标因子及超标倍数
徐州	不牢河	蔺家坝	III	IV	×	溶解氧	III	√		III	√		III	√		III	√		II	√	
	沿河	李集桥		III	√		III	√		II	√		III	√		III	√		III	√	
	复新河	沙庄桥		III	√		II	√		III	√		III	√		II	√		III	√	
	房亭河	单集闸		III	√		II	√		II	√		III	√		V	×	氨氮	IV	×	氨氮
	京杭运河邳州段	张楼		II	√		II	√		II	√		III	√		II	√		II	√	
	徐沙河	沙集西闸		IV	×	溶解氧	IV	√	溶解氧	III	√		III	√		—	—		河道整治	—	
宿迁	老汴河	临淮乡		III	√		III	√		III	√		III	√		III	√		III	√	
	京杭运河宿迁段	马陵翻水站		III	√	溶解氧	III	√		III	√		III	√		III	√		III	√	
淮安	入江水道	塔集		IV	×		III	√		II	√		II	√		II	√		III	√	
	淮河盱眙段	老子山		II	√		III	√		II	√		III	√		III	√		III	√	
	京杭运河淮安段	五叉河口		III	√		III	√		II	√		III	√		II	√		II	√	
	洪泽湖	老山乡		II	√		III	√		II	√		III	√		III	√		III	√	
扬州	新通扬运河	江都西闸		II	√		II	√		III	√		III	√		III	√		III	√	
	北澄子河	三垛西大桥		III	√		III	√		III			III	√		III			III	√	

表 2-12　2015 年南水北调东线断面水质评价结果

所在地区	控制单元	断面名称	水质目标类别	1月 水质类别	1月 是否达标	1月 超标因子及超标倍数	2月 水质类别	2月 是否达标	2月 超标因子及超标倍数	3月 水质类别	3月 是否达标	3月 超标因子及超标倍数	4月 水质类别	4月 是否达标	4月 超标因子及超标倍数	5月 水质类别	5月 是否达标	5月 超标因子及超标倍数	6月 水质类别	6月 是否达标	6月 超标因子及超标倍数
	不牢河	蔺家坝	III	III	√		III	√		III	√		III	√		III	√		III	√	
	沿河	李集桥		II	√		II	√		II	√		II	√		III	√		III	√	
	复新河	沙庄桥		III	√		III	√		III	√		III	√		III	√		III	√	
	房亭河	单集闸		III	√		III	√		III	√		断流	—		断流	—		断流	—	
徐州	京杭运河邳州段	张楼		II	√		II	√		II	√		II	√		II	—		II	√	
	徐沙河	沙集西闸		河道整治	—		河道整治	—		河道整治	—		河道整治	—		河道整治	—		III	√	
	老汴河	临淮乡		III	√		III	√		III	√		III	√		III	√		IV	×	溶解氧
宿迁	京杭运河宿迁段	马陵翻水站		III	√		III	√		III	√		III	√		III	√		III	√	
	入江水道	塔集		III	√		III	√		III	√		III	√		III	√		III	√	
淮安	淮河盱眙段	老子山		III	√		III	√		III	√		III	√		III	√		III	√	
	京杭运河淮安段	五叉河口		III	√		III	√		III	√		III	√		III	√		III	√	
	洪泽湖	老山乡		III	√		III	√		III	√		III	√		III	√		III	√	
扬州	新通扬运河	江都西闸		III	√		III	√		III	√		III	√		III	√		III	√	
	北澄子河	三堡西大桥		III	√		III	√		III	√		III	√		II	√		III	√	

表 2-12　2015 年南水北调东线断面水质评价结果

所在地区	控制单元	断面名称	水质目标类别	7月 水质类别	7月 是否达标	7月 超标因子及超标倍数	8月 水质类别	8月 是否达标	8月 超标因子及超标倍数	9月 水质类别	9月 是否达标	9月 超标因子及超标倍数	10月 水质类别	10月 是否达标	10月 超标因子及超标倍数	11月 水质类别	11月 是否达标	11月 超标因子及超标倍数	12月 水质类别	12月 是否达标	12月 超标因子及超标倍数
徐州	不牢河	商家坝	III	V	×		III	√		III	√		III	√		III	√		III	√	
	沿河	李集桥		IV	×		III	√		III	√		III	√		III	√		III	√	
	复新河	沙庄桥		III	√		III	√		III	√		II	√		II	√		III	√	
	房亭河	单集闸		断流	—		II	√		II	√		II	√		II	√		II	√	
	京杭运河邳州段	张楼		III	√		III	√		III	√		III	√		III	√		III	√	
	徐沙河	沙集西闸		V	×		V	×	溶解氧	III	√		III	√		III	√		III	√	
宿迁	老汴河	临淮乡		IV	×		III	√		III	√		III	√		III	√		III	√	
	京杭运河宿迁段	马陵翻水站		III	√		III	√		II	√		II	√		III	√		III	√	
	人江水道	塔集		III	√		III	√		II	√		II	√		III	√		III	√	
淮安	淮河盱眙段	老子山		III	√		III	√		III	√		II	√		III	√		III	√	
	京杭运河淮安段	五河河口		III	√		III	√		III	√		III	√		III	√		III	√	
	洪泽湖	老山乡		II	√		II	√		II	√		III	√		III	√		II	√	
扬州	新通扬运河	江都西闸		IV	×		III	√		III	√		III	√		III	√		III	√	
	北澄子河	三堡西大桥		III	√		III	√		III	√		III	√		III	√		III	√	

注：7月份有 5 个断面水质不达标，主要超标因子为氨氮、溶解氧和高锰酸盐指数。

表2-13 2016年南水北调东线断面水质评价结果

所在地区	控制单元	断面名称	水质目标	1月 水质目标	1月 水质类别	1月 是否达标	1月 超标因子及超标倍数	2月 水质目标	2月 水质类别	2月 是否达标	2月 超标因子及超标倍数	3月 水质目标	3月 水质类别	3月 是否达标	3月 超标因子及超标倍数	4月 水质目标	4月 水质类别	4月 是否达标	4月 超标因子及超标倍数
徐州	不牢河	蔺家坝	III	III	III	√		III	III	√		III	III	√		III	III	√	
徐州	沿河	李集桥		III	III	√		III	III	√		III	III	√		III	III	√	
徐州	复新河	沙庄桥		III	III	√		III	III	√		III	III	√		III	III	√	
徐州	房亭河	单集闸		III	III	√		III	III	√		III	III	√		III	III	√	
徐州	京杭运河邳州段	张楼		III	III	√		III	III	√		III	III	√		III	III	√	
徐州	徐沙河	沙集西闸		III	III	√		III	III	√		III	III	√		III	III	√	
宿迁	老汴河	临淮乡		III	III	√		III	III	√		III	III	√		III	III	√	
宿迁	京杭运河宿迁段	马陵翻水站		III	III	√		III	III	√		III	III	√		III	III	√	
淮安	入江水道	塔集		III	III	√		III	III	√		III	III	√		III	III	√	
淮安	淮河盱眙段	老子山		III	III	√		III	III	√		III	III	√		III	III	√	
淮安	京杭运河淮安段	五叉河口		III	III	√		III	III	√		III	III	√		III	III	√	
淮安	洪泽湖	老山乡		III	III	√		III,总磷≤0.15毫克/升	III,总磷0.104毫克/升	√		III,总磷	III,总磷	√		III,总磷≤0.15毫克/升	III,总磷0.063毫克/升	√	
扬州	新通扬运河	江都西闸		III	III	√		III	III	√		III	III	√		III	III	√	
扬州	北澄子河	三垛西大桥		III	III	√		III	III	√		III	III	√		III	III	√	

第三节　输水干线水质改善对南水北调干线受水区用水影响机理分析

　　南水北调东线工程江苏段具有不同于中线和东线其他省份的特点,其既是水源地、输水区,又是受水区。其供水对象不仅有城市工业生活用水,还有用水比重较大的农村用水。根据江苏省水利厅 2016 年 8 月 31 日发布的《2015 年江苏省水资源公报》,2015 年,全省总用水量 460.6 亿立方米,相比于 2014 年全省总用水量减少 20.1 亿立方米。各类用水中,农田灌溉用水占比为 52.7%,林牧渔畜占比为 7.9%,工业用水占比为 27.2%,生活用水占比为 11.8%,城镇环境用水占比为 0.4%。由此可见,在江苏省水资源利用过程中,南水北调受水区使用南水北调水主要用途为生活用水、工业用水和农业用水。

一、输水干线水质改善对南水北调干线受水区生活用水影响分析

　　生活用水包括城镇生活用水和农村生活用水。其中,城镇生活用水由居民用水和公共用水(含服务业、餐饮业、货运邮电业及建筑业等)组成,农村生活用水除居民生活用水外还包括牲畜用水在内。生活用水与人类的关系十分密切,是日常使用最多的水体资源。

　　长期使用未达标的生活用水对人类危害极大,一方面,人体在新陈代谢的过程中,人饮用或食用对人体有害的成分在体内蓄积。当体内的含量超过人体的需求和抵抗能力时便产生危害影响人体健康。水中的原生动物、病毒、菲斯特里亚藻以及细菌等会进入人体,可能引起霍乱、伤寒等疾病;水中的矿物质可能会引起人体的骨质疏松、心血管病、肾结石等疾病。另一方面,人体长期接触水中有害物质也会对皮肤、呼吸系统等产生危害,如当人们受到硫化氢等有害物质的刺激时,会出现血压先下降后上升以及脉搏先减慢后加快的现象,影响人类生活质量。

　　由于部分地区城市饮用水水源污染严重,居民生活饮用水安全受到威胁,卫生部和国家标准化管理委员会联合发布国家《生活饮用水卫生标准》(GB 5749—2006)(以下简称《标准》),是保证饮用水安全的重要措施之一。该《标准》规定了生活饮用水水质卫生要求、生活饮用水水源水质卫生要求、集中式供水单位卫生要求、二次供水卫生要求、涉及生活饮用水卫生安全产品卫生要求、水质监测和水质检验方法,适用于城乡各类集中式供水的生活饮用水,也适用于分散式供水的生活饮用水。

　　根据上节可知,尾水导流工程实施后,输水干线水质得到明显改善。根据历年南水北调东线断面水质评价结果(表 2-10—表 2-13),水质情况得到明显改善,从 2015 年

9月至调研时止,断面水质已全部达到地表水Ⅲ类水质标准。根据地表水环境质量标准,Ⅲ类水质标准主要适用于集中式生活饮用水、地表水源地二级保护区、鱼虾类越冬、洄游通道,水产养殖区等渔业水域及游泳区。可见,尾水导流工程的实施使得居民的生活用水质量得到保障,居民健康水平和生活质量也因此得到改善。干线受水区的居民可以放心饮用自来水,不仅避免了长期饮用净化水的不良影响,而且减少了污染物进入人体,对沿湖居民的健康产生有利的影响。

二、输水干线水质改善对南水北调干线受水区工业用水影响分析

有学者指出,工业水资源利用与工业经济增长、产业结构变化之间存在着长期均衡关系,并且这种长期均衡关系对短期变化具有促进作用。在其他条件不变的情况下,工业经济增长1%时,工业用水量增加0.04%,工业比重增加1%时,工业用水量增加0.57%,即在其他条件不变的情况下,产业结构变化相较于工业经济增长给工业水资源利用带来的影响更加明显;工业水资源利用与工业经济增长以及工业水资源利用与产业结构变化之间均存在双向的因果关系。基于以上结果可以得知,水资源短缺的确会成为工业经济增长的制约因素[①]。

工业用水包括冷却用水、洗涤用水、锅炉用水、工艺用水、产品用水等。由于工厂、企业生产的产品不同,各类工业用水的水质标准也不同,工业用水应在污水处理厂再生水基础上根据不同用途和工厂、企业用水水质的不同标准,由工厂、企业再进行深度处理,以达到节约水资源的目的。工业用水的水质应能够满足生产用途的需要,保证产品的质量,同时不会造成生产故障、损害技术设备等副作用。在使用产品工艺用水的生产过程中,水本身并不进入最终产物,但其所含成分可能进入产品影响产品质量。而用作冷却用水的工业用水应不容易产生水垢、泥垢等堵塞管路现象,同时对金属无腐蚀性,不繁殖微生物和生物,否则易对机器设备产生损耗,所以不同的工业用水对水质提出的要求也是多方面的。

尾水导流工程的实施,提高了南水北调工程干线的水质,在确保南水北调受水区工业用水量的同时,在一定程度上也提高了南水北调干线沿线企业工业用水的水质,从而缓解了水源不足对经济发展的制约,并使得工业企业对其用水的再处理费用降低,提高机器设备使用效率及生产产品的质量,具有一定的经济效益。

三、输水干线水质改善对南水北调干线受水区农业用水影响分析

农业是我国的第一产业,它的发展关系民生。水资源是保障农业得以发展的基础资源,在农业生产中具有重要的战略地位。近年来,相关研究发现,水资源与经济增长存在

---

① 张兵兵,沈满洪. 工业用水与工业经济增长、产业结构变化的关系[J]. 中国人口·资源与环境,2015(2):9-14.

双向的关系,一方面水资源对农业经济增长产生影响,农业发展必须消耗水,但由于水资源的稀缺性,现阶段的耗用量势必影响下阶段的投入量和经济发展速度;另一方面农业经济增长带来的技术进步、结构合理化、规模效应等影响水资源的耗用量。刘渝等利用 Kuznets 假说,验证结果得出农业用水与经济增长之间呈稳定的 N 形曲线关系,目前全国大部分省份处于 N 形曲线的下降阶段[①]。

在农业生产活动中,无论是农作物的自然生产(如光合作用),还是对农作物生产的干预,如灌溉等,都需要水资源作为支撑。农业用水的水质好坏对农作物发育及生长的影响,不仅表现在数量上,而且还表现在质量上。使用水质较差的农业用水来灌溉农田,会破坏土壤,影响农作物的生长,造成减产,严重时则颗粒无收。当土壤被污染水体影响后,会在很长一段时间内失去土壤的功能作用,造成土地资源严重浪费。如用 pH 值过高的污染水源灌溉农田,会使得土壤板结、龟裂、土质变硬等等,营养吸收不完全。此外,有毒物质会使作物无法正常生长,致使减产绝收,并带来有关食品健康的安全隐患。

尾水导流工程的实施同样也使得沿线农业用水水质得到改善,使用水质改善后的水源灌溉农田有利于农作物的生长发育,降低水源中有害物质污染土地及农作物的风险,从而使农作物的产量和质量得到提高,保障居民健康。如图 2-10 所示。

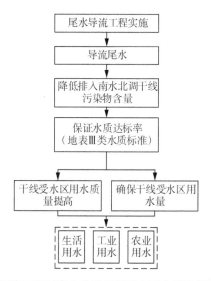

图 2-10　尾水导流工程对南水北调干线受水区水质改善影响的机理框图

　　① 刘渝,杜江,张俊飚. 中国农业用水与经济增长的 Kuznets 假说及验证[J]. 长江流域资源与环境,2008(4):593-597.

第四节 尾水导流工程对南水北调干线受水区社会影响机理分析

尾水导流工程的建设对南水北调干线受水区生态及社会、经济环境产生极为有利的影响。根据问卷调查结果显示,28.30%的受水区居民认为尾水导流工程的建设有利于改善当地的水环境;22.88%的被调查者认为工程提高了南水北调工程的水质;另各有近20%的居民认为工程建设有利于当地经济发展,且可有效提高居民生活质量;且近80%的被调查者认为尾水导流工程建设对当地房地产价格产生了较大的影响。基于此,本书主要从尾水导流工程对居民生活质量、居民健康、居民心理及对居民环境意识的影响四个方面,探讨工程建设对南水北调干线受水区的社会影响。具体分析如下:

一、尾水导流工程对居民生活质量影响分析

1. 生活质量概念界定

自20世纪60年代美国经济学家加尔布雷思(J. K. Galbrainth)在其著作《丰裕社会》(*The Affluent Society*)中首次提出"生活质量"这一概念后,各国学者从经济学、社会学、生态学、医学等角度对生活质量的定义进行了探讨和研究,至今为止并没有形成统一的概念,但生活质量包含主观评价和客观标准两个方面这一观点已为各界人士所接受。关于"生活质量",国内外具有代表性的定义主要有以下几种:

(1) 国外学者更偏重于从人们的主观意识出发来评价生活质量,如加尔布雷思指出,生活质量是指"人们生活的舒适便利的程度,精神上所得到的享受和乐趣"。Levi认为,生活质量是对个人或群体所感受到的身体、心理、社会各方面良好的适应状态的一种综合测量,而测得的结果是用幸福感、满意感或满足感来表示的[1]。社会学家坎贝尔将生活质量定义为"生活幸福的总体感觉",认为生活质量应反映人们的认知、情感和反馈三个层面,即包括满意度、幸福感和社会积极性三方面[2]。世界卫生组织对于生活质量的定义:处在一定文化和价值体系中的个体,对与他们的目标、期望、标准、所关心的事物等密切相关的生活中所处地位的感知[3]。Hornquist J. O. 认为生活质量就是满足比如身体、心理、社会、行为、婚姻等这些需求的满意程度。Victor R. Preedy and Ronald R. Watson将其定义为一个人或一群人对幸福的感受程度,由于生活质量不像生活水平、生活质量不是一个有形的概念,因此它不能被直接地测量。

---

① L Levi. Population, environment and quality of life[J]. Chinese Journal of Population Science, 1975.

② Campbell, Angus, Converse, Philip E, Rodgers, Willard L. The quality of american life: perception, evaluations, and satisfactions[R]. New York : Russell Sage Foundation, 1976.

③ WHO. WHOQOL, Study Protocol. WHO(MNH/PSH/93. 9)[M]. Geneva Switzerland: WHO, 1993:97.

（2）国内学者从不同的视角出发,对生活质量的概念进行了界定,大致分以下几种观点:

①从社会提供居民生活条件的满足程度以及居民对自身所处环境与条件的满足程度方面来界定生活质量,如冯立天教授对"生活质量"进行了"动态"的定义:"生活质量是反映人类为了生存与提高生存机会所进行的一切活动的能力和活动的效率"[①]。周长城认为"生活质量是建立在一定的物质条件基础之上,社会提高国民生活的充分程度和国民需要的满足程度,以及社会全体成员对自身及其生存环境的认同感"[②]。

②有的学者将生活质量的涵盖面扩展至自然环境质量和社会关系等方面,如厉以宁认为"生活质量是反映人们生活和福利状况的一种标志,包括自然方面和社会方面的内容:生活质量的自然方面是指人们生活环境的美化、净化等等;生活质量的社会方面是指社会文化、教育、卫生、交通、生活服务状况、社会风尚和社会治安秩序等等"[③]。但通过分析可发现,此观点更多的仍是从客观方面来反映生活质量。

③部分学者认为生活质量更偏重于从人们的主观感受去评价,如林南、卢汉龙定义生活质量为"人们对生活环境的满意程度和对生活的全面评价"。生活质量包括个人对精神生活的感觉,对生活的满意度,对社会的反馈行为,即情感、认识、行为三个层次[④]。

④还有学者认为生活质量包括物质的和精神的两个方面,如赵彦云和李静萍认为个体的生活质量在很大程度上受社会环境的制约和影响,认为"生活质量是一个涵盖面很广的概念,既包括个体的物质消费和精神消费,又包括个体在其中活动的社会环境和自然环境;既有强烈的个性内容,又有一般的发展规律"[⑤]。这个概念注重个体与社会、个体与政府在生活质量构成中的关系。周丽苹认为生活质量的涵义是多维的,至少包括以下基本方面:一是生理上的完好,包括自我满足、身体健康、灵活性和功能的完好;二是心理上的完好,包括情感上的满足、行为和认知状态;三是社会适应的完好,基于个人认识到自己在与别人的关系中所起的作用[⑥]。

综上所述,随着经济社会的发展,对于生活质量的研究逐渐有主客观方面内容相结合的趋势。居民生活质量,既与人们生活的物质条件有关,也与人们对生活的幸福感、对生活的主观满意度有关。影响生活质量的因素,无非包括主观因素和客观因素两个方面,其中,客观因素反映了人们生活的物质条件,主观因素反映的是人们对生活的主观满意度,二者互相补充,共同构成了生活质量评价的内容,缺一不可。

鉴于以上分析,影响生活质量的因素应包括物质因素和精神因素两个方面,生活质量的定义应为:生活质量是在一定社会背景和自然环境下,对居民物质、精神、生理、环

---

① 冯立天,戴星翼.中国人口生活质量再研究[M].北京:高等教育出版社,1996:42.
② 周长城.中国生活质量:现状与评价[M].北京:社会科学文献出版社,2003:8-12.
③ 厉以宁.社会主义政治经济学[M].北京:商务印书馆,1986:523.
④ 林南,卢汉龙.社会指标与生活质量的结构模型探讨——关于上海城市居民生活的一项研究[J].中国社会科学,1989(4):75-97.
⑤ 赵彦云,李静萍.中国生活质量评价、分析和预测[J].管理世界,2000(3):32-40.
⑥ 周丽苹.老年人口健康评价与指标体系研究[M].北京:红旗出版社,2003:75-77.

境、情感、意识等状态的总体评价,其评价既包括客观标准,又包括主观评价。

2. 尾水导流工程对干线受水区生活质量影响分析

随着经济的发展,人们对生活质量的要求越来越高。在城市建设中,可以将城市水利工程建设与保护和改善水质、水环境有机结合起来;与绿化美化、旧城改造有机结合起来;与挖掘城市历史文化资源和旅游资源有机结合起来,使城市水利系统不但成为城市安全的重要保障,而且成为人们休闲娱乐、观光旅游的好去处,成为展示现代化城市风貌的风景线。具体可以充分利用地形和有效使用山水资源,并通过精心布局设计和局部地形的人工改造,在保证水利工程项目能力的前提下,通过建筑、道路、活动场所、各类植物的选择等与堤坝相结合,创造沿江景观和滨水空间的多样化景观,改善人居环境。这一系列措施,可以促进城镇区位优势明显增强,从而吸引大量的房地产开发商,使人口密度重新分布,促进居住密度的提高。大量的房地产开发和人口的聚集,又反过来吸引商业投资。而经济的集聚又将产生规模效益,在沿江(河)两侧形成的住宅、职业场所以及社会资本的带状分布区域,使沿线土地增值。由此可见,城市水利工程的建设能促进周边社会经济的繁荣与发展,提升了居民的生活质量。

江苏省南水北调尾水导流工程的实施对居民生活质量的影响体现在:一方面工程建设确保为南水北调工程干线受水区居民提供清洁、充足的饮用水等,改变干线受水区居民用水、工业用水及农业用水匮乏的现象,有利于提高受水区居民的生活水平;另一方面,工程建设可以促进南水北调工程东线水质改善,促进输水干线沿线生态环境的改善,提高了区域水环境容量和承载能力,对于改善当地居民的居住环境,提高受水区居民的休闲生活质量,提升当地居民生活质量发挥了重要作用。

本书采用问卷调查的方式,对南水北调干线受水区居民生活质量受影响情况进行了调研,调查结果显示:87.78%的被调查者认为尾水导流工程建设在很大程度上改善了居民的生活用水质量;86.67%的居民认为工程建设后休闲生活质量得以提升。具体数据见图2-11、图2-12所示(程度"1→5"表示从"没有改善"到"很大改善"):

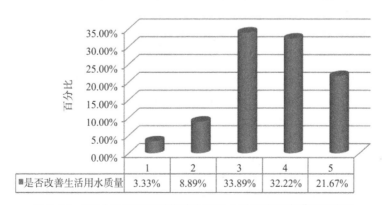

	1	2	3	4	5
是否改善生活用水质量	3.33%	8.89%	33.89%	32.22%	21.67%

图 2-11 "尾水导流工程对您的生活用水质量的影响?"调查结果

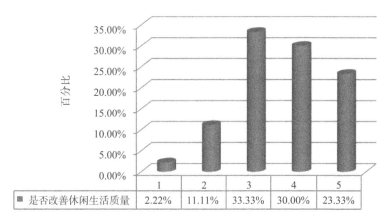

	1	2	3	4	5
■ 是否改善休闲生活质量	2.22%	11.11%	33.33%	30.00%	23.33%

图 2-12 "尾水导流工程的实施,对您的休闲生活质量的影响?"调查结果

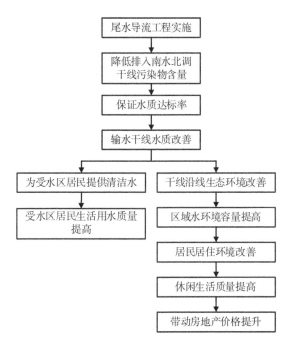

图 2-13 尾水导流工程对居民生活质量影响的机理框图

二、尾水导流工程对居民健康影响分析

1. 健康相关概念界定

对健康的定义可以从以下两个层面分析:

(1) 世界卫生组织对健康的定义

1948 年,世界卫生组织(WHO)在其宪章中提出了著名的健康三维概念,即"健康不仅是没有疾病或不虚弱,而是身体的、心理的和社会的完美状态"。该定义使健康的内涵

由过去单一的生理健康(一维)发展到生理、心理健康(二维)又发展到生理、心理、社会良好(三维)。

1989年,世界卫生组织进一步定义了四维健康新概念,也被称为全面健康概念,即"健康不仅是没有疾病,而且在身体健康、心理健康、社会适应健康和道德健康四个方面皆健全"[1]。世界卫生组织关于健康的最新概念,把道德修养纳入了健康的范畴。健康不仅涉及人的体能方面,也涉及人的精神方面。全面健康新概念是WHO对全球21世纪医学发展动向的展望和概括,要求当前的生物医学模式必须向"生物—心理—社会"新模式改革发展,要求由单纯治疗疾病的"Cure Medicine"变为预防、保健、养生、治疗、康复相结合的"Care Medicine",要求药物治疗与非药物、无药物治疗相结合,与环境自然和谐发展,与科学和社会协调协同可持续系统化发展。

(2) 中医对健康定义

WHO的定义只是解决了一个问题,即"健康什么样",至于"什么是健康",则可以借鉴中医的思想。中医学是世界传统医学中最完善的医学之一,作为中国传统文化的一部分,具有完善、独特的理论体系,重视人体的统一性,强调人与自然、社会的关系,提倡养生保健,预防为主。赵利等[2]从中医的角度探讨了健康概念,认为"平人"是对中医健康概念的高度概括。"阴阳匀平,以充其形,九候若一,命曰平人"(《素问·调经论》),意思说阴阳平和,充盛形体,三部九候之脉一致,就是健康状态。

从以上的分析可以看出,中医对于健康的认识与WHO在根本上是一致的,但更强调人与环境的适应性,强调人与自然的和谐相处。环境变化将会影响人们的健康状况,尤其是环境恶化会打破人与自然的和谐,对人类健康造成损害。

2. 尾水导流工程对干线受水区居民健康的影响分析

水质及水环境质量的好坏与人类身体健康状况密切相关。尾水导流工程的实施,在改善干线水质的同时,有利于间接改善受水区居民身体的健康状况。根据问卷调查可知,87.22%的被调查者认为尾水导流工程的实施改善了当地周边的水环境质量,且认同现在各种疾病与环境有一定的关系;62.72%的被调查者认为南水北调输水干线水质的好坏会影响其身体健康状况,具体问卷统计分析结果见图2-14、图2-15、图2-16(程度"1→5"表示从"没有改善/没有关系"到"很大改善/很大关系")。

三、尾水导流工程对居民心理的影响分析

1. 心理相关概念界定

黄希庭的《心理学导论》[3]一书认为,人的心理是一个复杂的系统。而任何系统都可

---

① Darid,Mechanic. Social policy,technology,and the rationing of health care[J]. Medical Care Review,1989,46:113-120.

② 赵利,陈金泉. 中医健康概念[J]. 医学与哲学,2003(12):58-59.

③ 黄希庭. 心理学导论(第2版)[M]. 北京:人民教育出版社,2010.

以从多个角度进行描述,因此人的复杂的心理系统也可以从以下几个不同的维度进行考察。

（1）动态—稳态的维度

从该维度对个体心理进行考察,可以将心理分为心理过程、心理状态和心理特征。

①心理过程

在心理学上,心理过程与心理活动这两个术语经常交替使用。通常把认知、情绪和意志视为最基本的心理过程,简称为知、情、意。

认知过程是指个人获取知识和运用知识的心智活动,它包括感觉、知觉、记忆、思维、想象和言语等;情绪过程是个人认识周围世界时内心产生特殊体验的过程,如兴奋、沉醉、愉悦、沮丧,还有通常所说的喜、怒、哀、惧,以及美感、理智感、自豪感、自卑感等,人产生情绪时一般都具有动机的特性,而动机倾向的增强因素往往有强烈的情绪色彩,因此可以将它们合在一起称为动机情绪过程;意志过程是人在自己的活动中设置一定的目的,按计划不断地排除各种障碍,力图达到该目的的心理过程。

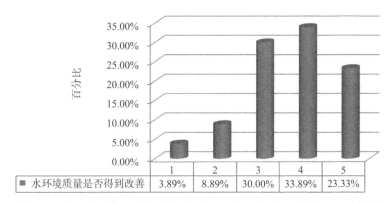

	1	2	3	4	5
水环境质量是否得到改善	3.89%	8.89%	30.00%	33.89%	23.33%

图 2-14 "尾水导流工程的实施,对您周围水环境质量的影响?"调查结果

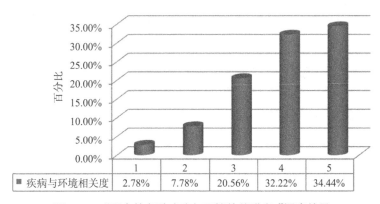

	1	2	3	4	5
疾病与环境相关度	2.78%	7.78%	20.56%	32.22%	34.44%

图 2-15 "现在的各种疾病与环境的关联度?"调查结果

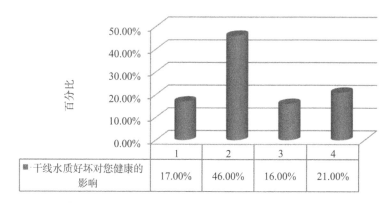

图 2-16 "您认为南水北调输水干线水质的好坏对您健康的影响?"调查结果

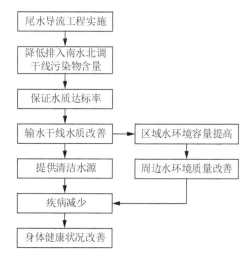

图 2-17 尾水导流工程对居民健康影响的机理框图

任何心理过程都有一定的心理操作加工程序,这些心理活动之所以称为心理过程,正是因为其心理操作是一步步进行的,具有明显的动态性。

②心理状态

通常,心理状态是人在一定时间内各种心理活动的综合表现。心理状态是心理过程的相对稳定状态,其持续时间可以是几个小时、几天或几个星期。它既不像心理过程那样动态、变化,也不同于心理特征那样持久、稳定。

③心理特征

心理特征是指人的心理过程进行时经常表现出来的稳定特点。而个人的多种心理特征有机整合所显示出来的独特的精神面貌和行为,在心理学上称为人格。

在个人的心理生活中,心理过程、心理状态和心理特征密切联系。从动态—稳态的角度看,心理过程是动态的心理生活,心理状态相对稳定,而心理特征一般更为稳定。

（2）个体能否觉知的维度

从个体能否觉知的角度考察心理，可以将人的心理分为意识与潜意识。

意识是现时正被人觉知到的心理现象，它包含着人们觉知到的一切消息、观念、情感、希望和需要等，还包括人们从睡眠中醒来时对梦境内容的意识。

潜意识过程是指不能觉知到的一种心理活动，是人反映外部世界的一种特殊形式。人们借助它来回答各种信号，但不能意识到这种反应的整个过程或个别阶段。

（3）心理与行为关系的维度

黄希庭的《心理学导论》认为，行为是一个包含动作、活动、应答、反应、运动、过程、操作等含义很广的术语，指有机体的任何可测量的反应。行为分为两类：一类是可观察到的行为和反应，称为外显行为；另一类是内隐行为，如知觉、注意、思想、观念、想象、欲望、意愿等。内隐行为其实就是心理活动。

不难看出，行为概念有广义和狭义之分：广义的行为如上所述，包括外显行为和内隐行为，而内隐行为即心理活动，因此对人的心理的研究包含在行为范畴中；狭义的行为概念仅指外显行为，这样可以对行为与心理进行区分，心理与行为的关系体现为——心理支配着行为并通过行为表现出来。

依照上述一般定义的三个角度，结合本书的研究目的对心理概念进行界定。

（1）从心理与行为关系的维度来看，本书对行为概念的理解偏向于狭义的解释，即将心理与行为区分开来。以狭义的行为论，人的行为通常由一定的刺激引起，引起行为的刺激以人的心理为中介而起作用，并通过行为具体表现出来。当然，人的心理对行为的支配和调节通常又是复杂的，人的外部行为与内部心理活动的关系往往是多义的。

（2）从动态—稳态的维度来看，心理过程、心理状态、心理特征三者的动态性依次递减，心理特征具有稳定性的特点，不会轻易改变，因此研究突发事件对人心理产生的影响主要偏重于研究人的心理过程、心理状态的变化。心理学家 G. Caplan[①] 认为，一个人在一定的社会环境中生活，正常状态下，每个人都会不断努力保持内心的平静，保持自身与环境的协调，而当面临突发事件时，这种内在的平衡被打破，机体为了应对变化的环境，会立即调动自身的生理、心理系统，进入紧张反应状态。这种紧张反应状态称为应激状态。然而，不同的人可能表现出不同的应激反应，根据相关研究，这与个体的人格特征、应对能力及社会支持等因素有关。

（3）从个体能否觉知的角度来考察心理，本书的研究主要包括人的意识范畴，不包括人的潜意识。意识是一种正在被人觉知的心理现象。根据应激的 CPT 理论，思维、经验以及个体所体验到的事件的意义是决定应激反应的主要中介和直接动因，即应激是否发

---

① G Caplan. The principles of preventive psychiatry[M]. New York:Basib Book. 1964:26-38.

生,以什么形式发生,这都依赖于每个个体对他和环境之间关系所作出的评价①。该理论强调个体认知和评价的作用。J. C. Coyne 指出,一个完整的应激过程包括应激源、应激反应和心理中介因素三部分,心理中介因素包括人的认知评价等方面②。因此,本书在研究突发事件对居民心理的影响时,充分考虑到个体的主观能动性,基于个体对突发事件主观认知评价的基础上对突发事件产生的心理影响进行研究,属于人的意识范畴领域,而不考虑人的潜意识。

2. 尾水导流工程对干线受水区居民心理的影响分析

尾水导流工程建设的目的在于确保南水北调干线水质稳定达到国家地表水使用标准。根据调研,工程的实施降低了排入南水北调干线污染物的含量,保证了输水干线水质达到地表Ⅲ类水标准,输水干线水质得到明显改善。输水干线水质改善一方面可以提高居民的用水质量,改善居民的身体健康;另一方面,工程的建设有利于改善受水区水环境、增加环境容量,对于当地经济社会可持续发展将起到积极的推动作用。水质的改善,提高了受水区居民对南水北调水的认可度,绝大多数居民对南水北调水质改善效果表示满意,愿意使用南水北调水,支持南水北调工程的建设。具体分析结果见图 2-18、图 2-19、图 2-20 所示(程度"1→5"表示从"不满意/不支持"到"非常满意/非常支持")。

基于分析可知,南水北调干线受水区居民对于南水北调水质改善效果、南水北调水的认可度及对南水北调工程的支持度保持在较高的水平,反映了尾水导流工程建设获得了受水区居民较高的满意度。

四、尾水导流工程对居民环境意识的影响分析

1. 居民意识相关概念的界定

环境意识和环保意识是两个意思相近且为人们熟知的概念。环保意识主要出现在人们的日常生活、口语中,更加普及化;而环境意识作为专业术语,多出现在专业报纸、杂志和相关研究文献中。下面就环保意识和环境意识的概念进行阐述。

(1) 环保意识的概念

目前,理论界缺乏对环保意识的严格界定,但主要有以下两种观点:

第一种观点认为"环保意识是人们主观上对环境问题的认识水平和为此采取行动的意愿程度的一种表现形式"③。李宁宁④则认为这种观点把环保意识看作一种可以看得

---

① 韦有华,汤盛钦. 几种主要的应激理论模型及其评价[J]. 心理科学,1998(5):441-444.

② J C Coyne, G Downey. Social factors and psychopathology: stress, social support, and coping processes[J]. Annual Review Psychology,1991(42):401-425.

③ 王玥. 扩展环境权益提高环境意识[N]. 中国环境报,2000 年 12 月 2 日第 4 版.

④ 李宁宁. 环保意识与环保行为[J]. 学海,2001(1):120-124.

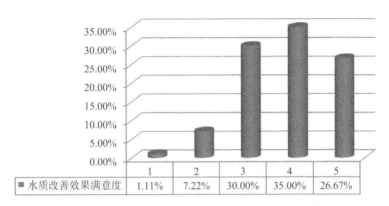

图 2-18　"您对尾水导流工程实施改善水质效果的满意程度"？调查结果

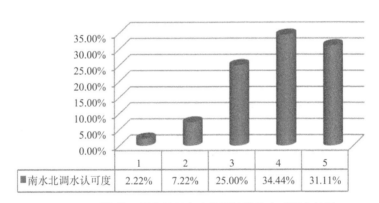

图 2-19　"您是否愿意使用南水北调输送的水？"调查结果

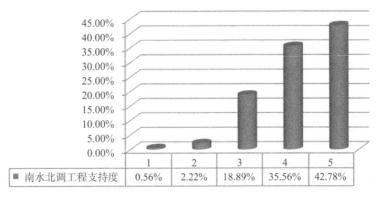

图 2-20　"您是否支持南水北调工程的建设？"调查结果

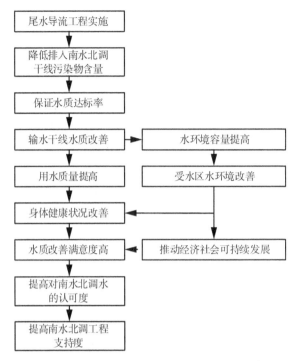

图 2-21　尾水导流工程对居民心理影响的机理框图

见、摸得着的客观存在。作为人的一种意识,环保意识并不是客观存在的。研究者可以由环保意识推测出人们的环保认识水平与行为倾向,但这并不意味着环保意识就是一种可以触摸到的真实存在。洪大用[①]在其研究中把环保意识定义为公众参与环境保护的自觉性,而钱淑娟等人[②]在其研究中认为环保意识是人们对环境本身、人与环境相互关系和环境保护认识等各种认识的总和。由此可知,环保意识并不是一种客观存在,而仅仅是人的一种意识、认知。

　　第二种观点认为"环保意识是指人对待自然和环境的态度",包括意识水平和行为取向两个方面[③]。上述的意识水平是指人们是否认识到环境问题的存在及其认知程度;行为取向则是指人们根据自己的价值判断对环境问题作出的行为选择。杨敏等人[④]通过"知"——对环境问题认知程度、"行"——对环境保护的行为取向两方面,对广西大学生的环保意识进行调查。余国忠等人[⑤]通过环境关心程度、参与环保实践态度以及环境保

　　①　洪大用.我国公众环境保护意识的调查与分析[J].中国人口·资源与环境,1997(2).

　　②　钱淑娟,马艳,刘文鑫.游客环保意识与环保行为探析——以南京中山陵景区为例[J].农村经济与科技,2008,19(12):9-10+21.

　　③　黄顺江.环境意识影响环境政策[N].中国环境报,1999年2月18日第3版.

　　④　杨敏,邱俊霖,杨景勇,等.广西大学生环保意识现状的调查分析[J].广西青年干部学院学报,2007(2):30-32.

　　⑤　余国忠,郜慧,刘向春,等.河南省高师学生环境保护意识与行为的调查分析[J].信阳师范学院学报(哲学社会科学版),2007(3):85-87.

护行为三方面来对河南省高师学生的环保意识进行计量,也把环境保护行为作为衡量环保意识的一个维度。张巧巧等人[①]通过环境问题认知水平、环保意识与行为、环境知识获得及对环境教育的态度三方面来衡量宁波大学的学生环保意识。艾美荣、黄继山[②]也在其研究中对环境知识、环境意识和环保行为各部分进行评分,评价环保意识的高低。由上述研究可以看出,对环保意识的评价研究多把环境行为作为一个维度,这种研究人为地把行为取向和行为选择等同,违背了二者之间的辩证关系。

（2）环境意识的概念

许多论文和文献把环境意识当作环保意识的同义词来使用。由"环境意识是一个内涵丰富的复杂概念"[③]可知,环境意识的概念本身就存在争议。环境意识这一单词最早出现在 1933 年,但直到 20 世纪 60 年代以后才被赋予现代内涵。19 世纪 30 年代,"生态意识"（Environment Awareness）——也称作"环境意识",最早出现在美国科学家 A. Leopold 的《大地伦理学》中[④],其后关于环境意识内涵与概念的不同主张及见解层出不穷。1968 年,美国学者 Roth 针对当时媒体所渲染的公民中的"环境盲"（Environmental Illiterates）现象提出了环境素养的概念,这一概念一直被认为是环境意识的同义词。1970 年,美国总统尼克松以环境素养为题,指出环境问题的解决需要发展环境素养,而环境素养[⑤]包含人与其环境关系发展的新认识、知识、概念和态度。20 世纪 90 年代以后,各国对环境意识的构架、组成进行了研究,并取得了一些成果。1995 年,美国环境素养评估小组提出了环境素养构架的概念,认为生态学知识、环境科学知识、有关环境议题的知识、环境行为策略知识是环境意识的主要认知变量。

在我国,学者们针对环境意识的概念进行了不同的解释。一些学者认为环境意识可分为浅层环境意识与深层环境意识两个层次,是"人与自然环境关系所反映的社会思想、理论、情感、意志、知觉等观念形态的总和"[⑥];另一些学者则把环境意识分为环境心理和环境思想体系两个部分[⑦]。除此之外,还有学者把环境意识分为三个层次,即对一般环境知识的认识和了解、对环境保护政策法规的认识和了解以及对人与自然环境关系的认识和了解[⑧]。

综上所述,我国学者对环境意识定义的研究可以分为两类:一种观点认为,环境意识

---

① 张巧巧,张红,杨文川. 在校大学生环保意识调查与分析——以宁波大学为例[J]. 兰州教育学院学报,2009,25(1):49-51+57.

② 艾美荣,黄继山. 中小城市中学师生环保意识调查——以湖南省永州市为例[J]. 四川环境,2007(5):123-126.

③ 吴丽娟. 寻找生态文明建设的精神核心——当代环境意识研究的理论发展与回顾[J]. 党政干部学刊,2008(3):59-60.

④ 赵爽,杨波. 兰州市民环境意识调查研究与对策[J]. 北京邮电大学学报(社会科学版),2007(5):14-18.

⑤ 吴丽娟. 寻找生态文明建设的精神核心——当代环境意识研究的理论发展与回顾[J]. 党政干部学刊,2008(3):59-60.

⑥ 余谋昌. 环境意识与可持续发展[J]. 世界环境,1995,(4):13-16+12.

⑦ 易先良,龚燕梓. 论环境意识[J]. 中国环境科学,1988,8(2):15-18.

⑧ 李强,洪大用. 中国公众环境意识研究[R]. 中华环境保护基金会资助课题,1995.

包括环境知识、环境价值观、环境保护态度和环境保护行为四个方面。其中,洪大用[①]将环境意识定义为"人们在认知环境状况和了解环保规则的基础上,根据自己的基本价值观念而产生的参与环境保护的自觉性",并认为它将最终表现为环境保护行为。这种观点将环境行为视为环境意识的一个衡量维度,国内很多学者的观点都与之一致(杨朝飞[②],王民[③],吴祖强[④],吴上进[⑤]等)。随着时间的推移,另一种观点逐步占据上风,有学者认为,如果从定义上将环境行为视为环境意识的一个组成部分的话,就相当于预设了环境意识对环境行为的影响力,人为地简化了环境意识与环境行为之间的相互关系,回避了研究问题——环境意识与环境行为之间的相互关系。因此,学者们开始逐步将环境行为作为独立于环境意识的一个变量来看待。

我国"全国公众环境意识调查组"把公众环境意识分为环境认知、环境知识水平、环境评价、环境法律意识、环境道德水平和环境行为等层次,为建立环境意识的评价体系奠定了基础。

由上文可知,环保意识和环境意识各有偏重,环保意识多用于日常生活中,更为口语化,而环境意识多见于报刊、研究、论文中,更加专业,国内外很多研究都是基于环境意识进行的。

根据上文对环境意识概念的分析,环境意识是人们通过一系列心理活动过程而形成的对环境保护的认识、体验与行为倾向。它由环保认知、环保体验以及环境行为倾向三个成分构成,其中,环保认知是环境意识产生的基础。只有理解了人与环境之间关系,了解环境保护的重要性、紧迫性,人们才有可能形成环境意识。但环境意识并不止于环保认知,与这一过程相伴随的是相应的情感体验,如对环境的焦虑感、危机感、责任感与道德感等(这一成分在上述两种定义中被忽略)。另外,环境意识还会使个体产生一定的行为倾向。行为倾向只是作出行动之前的思想倾向、意向等,而不是行为本身,如愿意为保护环境而改变自己的生活方式或参与保护环境的活动等。这三种成分相互关联、相互制约,并统一于个体的环境意识之中。

鉴于本书研究所针对的是工程建设对社会影响问题的经济计量,因此,基于社会学、环境学和经济学来界定环境意识。从狭义上,环境意识是人们对环境及其问题的认知和觉悟,它受个人的知识结构、道德水平、价值观取向、个人社会层次等因素的影响。从广义上来说,环境意识是在社会经济发展和人们创造物质财富过程中,在人们内心潜移默化形成的一种对待环境及其问题和人类行为与自然环境之间的关系的态度、社会思想、情感、环境价值观、环境伦理以及环境行为意愿等思维模式的总和,以及为保护自然环境而不断调整自身经济活动和社会行为的自觉性,它不仅受知识结构、职业特点、道德水平和价值观等个体因素的影响,还受社会经济和文化的发展水平、自然环境状况、政府的发

① 洪大用. 中国公众环境意识初探[M]. 北京:中国环境科学出版社,1998.
② 杨朝飞. 环境保护与环境文化[M]. 北京:中国政法大学出版社,1994.
③ 王民. 论环境意识的结构[J]. 北京师范大学学报(自然科学版),1999(3):423-426.
④ 吴祖强. 上海市民环境意识调查与评价研究[J]. 上海环境科学,1997,16(7):13-16.
⑤ 吴上进,张蕾. 公众环境意识和参与环境保护现状的调查报告[J]. 兰州学刊,2004(3):195-197.

展理念及其公众行为等群体因素的影响。

2. 尾水导流工程对干线受水区居民环境意识的影响分析

尾水导流工程建设的过程,也是政府加强环境保护政策的宣传、开展环保工作的过程。经过污水处理及环境整治工程的进展,水质及生态环境逐渐好转,受水区居民环境意识也逐渐提升。经调查,工程建设前后,居民环境保护意识有了明显改善,具体分析如下:

(1)政府环境保护工作宣传力度加大,促进环境意识提升

调查显示,受水区民众普遍认为政府环境保护工作宣传力度有了很大变化,具体调查结果如图 2-22、图 2-23 所示(程度"1→5"表示从"没有变化/很少开展"到"很大变化/定期开展")。

其中,十年前、十年中及现在,87.78％的被调查者认为政府的环保政策有了一定程度的变化;当前环保宣传工作的开展情况,与十年前相比,宣传力度有了较大程度的提升。由此表明,近年来政府加强了环保政策的宣传。

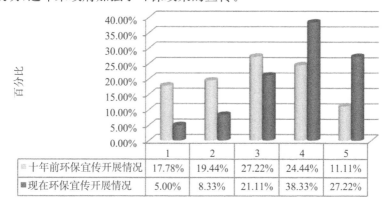

	1	2	3	4	5
▥十年前环保宣传开展情况	17.78%	19.44%	27.22%	24.44%	11.11%
▦现在环保宣传开展情况	5.00%	8.33%	21.11%	38.33%	27.22%

图 2-22 "您所在的社区(或村、街道)是否有开展环境教育、培训?"调查结果

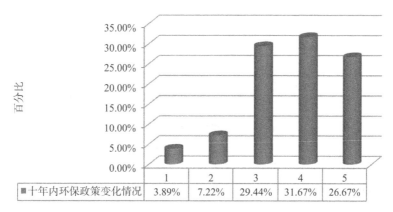

	1	2	3	4	5
▦十年内环保政策变化情况	3.89%	7.22%	29.44%	31.67%	26.67%

图 2-23 "您认为近十年来政府的环保政策是否有变化?"调查结果

(2)居民对于政府环保宣传活动的参与度与支持度大幅提升

随着工程建设及政府环保宣传活动的开展,居民对于环保宣传活动的参与度与支持度在十年内也有了较大提升,具体调查结果如图 2-24、图 2-25 所示(程度"1→5"表示从

"从来没有/非常反对"到"经常参与/非常支持")。

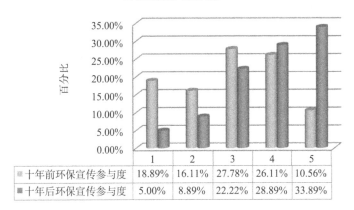

图 2-24 "环保宣传参与度"调查结果

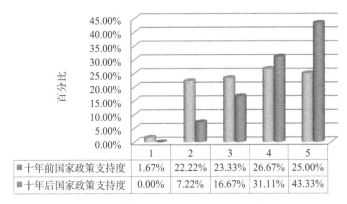

图 2-25 "国家环保政策支持度"调查结果

通过调查可知,受水区居民对政府环保政策的支持度与宣传活动的参与度在近年内有了大幅提升,显示国家政策及工程建设对居民环保意识的提升具有积极作用。而居民意识的提升,是国家环境保护工作开展的基础,对于环保工作的切实执行具有重要意义。

(3)居民充分意识到环境保护的迫切性,环境行为积极主动

经过工程建设及政府大力开展环保宣传活动,居民充分意识到环境保护的迫切性,环境行为更加积极主动,具体调查结果如图 2-26、图 2-27 所示(程度"1→5"表示从"从未意识/不闻不问"到"强烈意识到/积极制止")。

根据图 2-26 及图 2-27 可知,相比十年前,当前 94.44% 被调查者不同程度地意识到环境保护的迫切性;95.56% 的居民发现有损于环境保护现象时,在不同程度上给予积极制止,尤其是对于违法偷排现象给予举报,积极维护生态环境,确保水环境的持续改善。图 2-28 则为尾水导流工程对居民环境意识影响的机理框图。

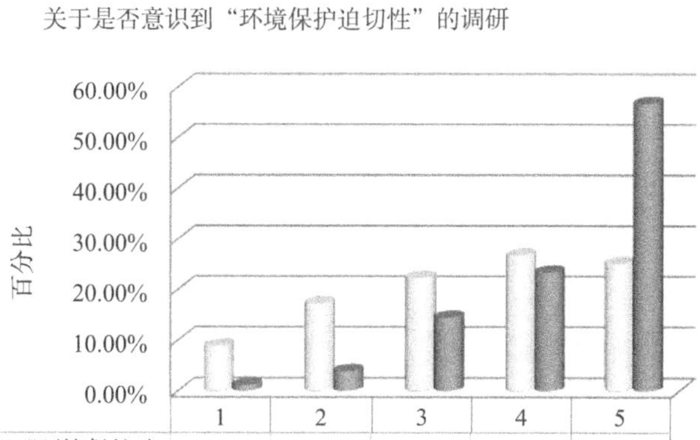

关于是否意识到"环境保护迫切性"的调研

	1	2	3	4	5
十年前关于"环境保护迫切性"的意识	8.89%	17.22%	22.22%	26.67%	25.00%
■现在关于"环境保护迫切性"的意识	1.11%	3.89%	14.44%	23.33%	56.67%

图 2-26　"是否意识到环境保护迫切性"的调查结果

环境行为积极性调研

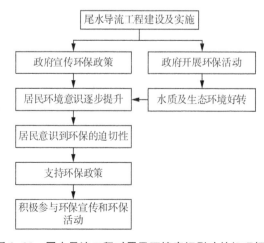

	1	2	3	4	5
十年前环境行为积极性	10.56%	15.00%	24.44%	23.33%	26.67%
■现在环境行为积极性	0.56%	3.33%	17.22%	28.89%	49.44%

图 2-27　"当发生有损于环境保护的现象时,环境行为积极性"的调查结果

尾水导流工程建设及实施
→ 政府宣传环保政策
→ 政府开展环保活动
→ 居民环境意识逐步提升 ← 水质及生态环境好转
→ 居民意识到环保的迫切性
→ 支持环保政策
→ 积极参与环保宣传和环保活动

图 2-28　尾水导流工程对居民环境意识影响的机理框图

第五节　尾水导流工程对南水北调干线受水区水质改善及社会影响的损益计量

一、尾水导流工程对南水北调受水区水质改善的损益计量

（一）尾水导流工程对南水北调干线受水区水质改善影响损益分析

南水北调东线工程利用京杭大运河及其平行河道输水，为确保输水干线水质全线达到地表水Ⅲ类水质标准，必须加强对取水水源地及输水干河沿线的排污治理，通过尾水导流等工程措施，可以有效控制入河污染物的排放总量，从而形成东线工程清水廊道。

徐州市、宿迁市、淮安市、江都区尾水导流工程的实施，对南水北调东线工程受水区居民生活、工业、农业用水的改善极为有利，有利于降低南水北调干线受水区居民生活、工业、农业用水处理成本。

根据调查分析，居民生活、工业、农业用水供水总成本由制水成本、输配成本和期间费用三大部分构成。其中制水成本所占比例较高，占供水总成本的50％以上。制水成本包括原水费、材料费、动力费、大修理费、日常维修及管理费、制水环节职工薪酬、制水环节固定资产折旧和其他制水费用等。

尾水导流工程实施后，确保了江苏省南水北调输水干线水质的改善，可从根本上改善水质，降低居民生活、工业、农业用水供水成本中的制水成本（如材料费等），为降低南水北调干线沿线受水区居民生活用水水价及生活用水成本，提高居民生活用水质量，改善居民生活质量提供了可能。

（二）量化方法的选择及计量模型的构建

成本法是企业进行成本管理所采用的重要方法之一，主要包括完全成本法、变动成本法等。成本法的基本原理是通过对企业产品不同制作工序所对应的成本进行管理，以确保企业的管理者可以利用成本法提供的信息来更好地对他们的产品、服务进行定价，以便使企业的收入与企业所付出的成本能够匹配。

本书研究中，尾水导流工程的实施，改善了江苏省南水北调干线输水水质，可以减少南水北调干线受水区自来水厂对居民生活用水处理所需的人工、材料等费用，从而减少受水区自来水厂处理对居民生活用水的处理成本。考虑到数据的可获得性等问题，本书选择历史成本法计算尾水导流工程建设后减少排入南水北调干线污染物所需的处理成

本,即为尾水导流工程建设对南水北调干线受水区的水质影响效益。影响南水北调干线水质达标的指标较多,其中国家主要考核指标为 COD 和 NH_3-N,因此本书选择尾水导流工程实施后南水北调干线受水区减少的 COD 和 NH_3-N 排放总量的处理成本作为尾水导流工程对干线受水区水质改善产生的效益。结合尾水导流工程实施后南水北调干线受水区减少的 COD、NH_3-N 的排放总量和单位处理成本,可得尾水导流工程对居民生活、工业、农业用水水质的改善效益计算公式如下:

$$Q_{uq} = W_1 C_{COD} + W_2 C_{NH_3-N} \qquad (2-1)$$

式中:W_1 和 W_2 分别表示尾水导流工程实施后南水北调干线受水区减少的 COD 和 NH_3-N 的排放总量,C_{COD} 和 C_{NH_3-N} 分别表示污水处理厂每吨水中化学需氧量和氨氮的单位处理成本。

(三) 参数的确定

根据江苏省环保厅公布的数据显示,化工企业削减 1 千克 COD 的处理成本为 5.8 元,印染企业削减 1 千克 COD 的处理成本为 2.9 元,造纸企业、酿造企业和其他企业的费用分别为 1 元/千克、1.3 元/千克和 2.5 元/千克,由此估算得到平均每吨 COD 处理费用约为 2 700 元。污水处理的费用主要受进出水浓度、设计规模、削减 COD 和 NH_3-N 采用的工艺等等,根据访谈,污水处理厂对生活污水中 NH_3-N 的去除主要采用生化脱氮法,削减的成本费用约为 900 元/吨。

另外根据本研究对相关收费标准的查询可得 COD、NH_3-N 排放指标有偿使用标准如表 2-14 所示。考虑到江苏省各市区所制定的 COD、NH_3-N 有偿使用标准与河道污染整治过程中 COD、NH_3-N 的整治成本相比较偏低,在此选取 NH_3-N 治理成本 11 000 元/年·吨,COD 的治理成本为 4 500 元/年·吨作为尾水导流工程削减的 COD、NH_3-N 的单位治理成本。

(四) 经济损益的货币化计量

1. 徐州市尾水导流工程对南水北调干线水质影响的效益计量

根据上述确定的参数,将徐州市尾水导流工程削减的 COD、NH_3-N 量代入公式 2-1,可以得到徐州市尾水导流工程各年度对南水北调输水干线水质影响效益如表 2-15 所示。

表 2-14　江苏省及各市区 COD、氨氮有偿使用收费标准

时间点	江苏省审计厅		行业	江苏省物价局、财政厅、环境保护厅		南京市物价局、环保局		宿迁市物价局、财政局、环保局		徐州市物价局、财政局、环保局	
	规模	COD		COD	NH_3-N	COD	NH_3-N	COD	NH_3-N	COD	NH_3-N
2008年11月20日前	10吨以上的工业企业	2 250元/年·吨	纺织印染、化学工业、造纸、钢铁、电镀、食品、电子行业	4 500元/年·吨	11 000元/年·吨	4 500元/年·吨	11 000元/年·吨	4 500元/年·吨	11 000元/年·吨	4 500元/年·吨	11 000元/年·吨
	10吨以上的接管企业	1 300元/年·吨									
	10吨以下的接管企业	1 300元/年·吨									
			其他行业	2 600元/年·吨	6 000元/年·吨	2 600元/年·吨	6 000元/年·吨	2 600元/年·吨	6 000元/年·吨	2 600元/年·吨	6 000元/年·吨
2008年11月20日及以后		4 500元/年·吨									
备注	江苏省太湖流域主要水污染物排污权有偿使用和交易试点排放指标申购核定暂行办法			省物价局、省财政厅、省环境保护厅关于太湖流域氨氮、总磷排放有偿使用收费标准的通知(苏价费〔2011〕162号)		南京市物价局官方网站(2015年)		宿迁市(2015年)		徐州市(2015年)	

表 2-15　徐州市尾水导流工程对南水北调输水干线水质影响效益计量表

年份 \ 内容	削减量(吨)		单位处理费用(元/吨)		水质效益(万元)
	COD	NH$_3$-N	COD	NH$_3$-N	
2011(3.15—12.31)	4 708.50	753.36	4 500.00	11 000.00	2 947.52
2012	6 278.00	1 004.48	4 500.00	11 000.00	3 930.03
2013	6 278.00	1 004.48	4 500.00	11 000.00	3 930.03
2014	6 278.00	1 004.48	4 500.00	11 000.00	3 930.03
2015	6 278.00	1 004.48	4 500.00	11 000.00	3 930.03
2016(1.1—6.30)	3 139.00	502.24	4 500.00	11 000.00	1 965.01
合计	32 959.50	5 273.52			20 632.65

由此得到,徐州市尾水导流工程削减了进入南水北调东线输水干线中 COD 和 NH$_3$-N 的排量,就此项效益而言,已达 20 632.65 万元。

2. 宿迁市尾水导流工程对南水北调干线水质影响的效益计量

根据上述确定的参数,将宿迁市尾水导流工程削减的 COD、NH$_3$-N 量代入公式 2-1,可以得到宿迁市尾水导流工程各年度对南水北调干线水质影响效益,如表2-16 所示。

表 2-16　宿迁市尾水导流工程对南水北调干线水质影响效益计量表

年份 \ 内容	削减量(吨)		单位处理费用(元/吨)		水质效益(万元)
	COD	NH$_3$-N	COD	NH$_3$-N	
2011(9.10—12.31)	96.80	12.77	4 500.00	11 000.00	57.61
2012	341.79	53.68	4 500.00	11 000.00	212.85
2013	379.77	30.64	4 500.00	11 000.00	204.60
2014	328.02	36.77	4 500.00	11 000.00	188.06
2015	329.07	37.07	4 500.00	11 000.00	188.86
2016(1.1—6.30)	164.09	18.49	4 500.00	11 000.00	94.18
合计	1 639.54	189.42			946.16

由此得到,宿迁市尾水导流工程削减了进入南水北调东线干线中 COD 和 NH$_3$-N 的排量,就此项效益而言,已达 946.16 万元。

3. 淮安市尾水导流工程对南水北调干线水质影响的效益计量

根据上述确定的参数,将淮安市尾水导流工程削减的 COD、NH$_3$-N 量代入公式 2-1,可以得到淮安市尾水导流工程各年度对南水北调干线水质影响效益,如表 2-17 所示。

表 2-17　淮安市尾水导流工程对南水北调干线水质影响效益计量表

年份	削减量(吨)		单位处理费用(元/吨)		水质效益(万元)
	COD	NH_3-N	COD	NH_3-N	
2011	3 890.51	972.63	4 500.00	11 000.00	2 820.62
2012	3 890.51	972.63	4 500.00	11 000.00	2 820.62
2013	3 990.34	997.58	4 500.00	11 000.00	2 892.99
2014	2 675.59	196.85	4 500.00	11 000.00	1 420.55
2015	3 890.51	972.63	4 500.00	11 000.00	2 820.62
2016(1.1—6.30)	1 945.26	486.31	4 500.00	11 000.00	1 410.31
合计	20 282.72	4 598.63			14 185.71

由此得到,淮安市尾水导流工程削减了进入南水北调东线干线中 COD 和 NH_3-N 的排量,就此项效益而言,已达 14 185.71 万元。

4. 江都区尾水导流工程对南水北调干线水质影响的效益计量

根据上述确定的参数,将江都区尾水导流工程削减的 COD、NH_3-N 量代入公式 2-1,可以得到江都区尾水导流工程各年度对南水北调干线水质影响效益,如表 2-18 所示。

表 2-18　江都区尾水导流工程对南水北调干线水质影响效益计量表

年份	削减量(吨)		单位处理费用(元/吨)		水质效益(万元)
	COD	NH_3-N	COD	NH_3-N	
2010(2.8—12.31)	463.36	57.54	4 500.00	11 000.00	271.81
2011	484.35	41.33	4 500.00	11 000.00	263.42
2012	483.66	85.51	4 500.00	11 000.00	311.71
2013	341.44	16.01	4 500.00	11 000.00	171.26
2014	461.96	17.21	4 500.00	11 000.00	226.81
2015	327.91	19.12	4 500.00	11 000.00	168.59
2016(1.1—6.30)	154.46	9.01	4 500.00	11 000.00	79.42
合计	2 717.14	245.73			1 493.02

由此得到,江都区尾水导流工程削减了进入南水北调东线干线中 COD 和 NH_3-N 的排量,就此项效益而言,已达 1 493.02 万元。

5. 尾水导流工程对南水北调干线水质影响的效益分析

根据上述分析,可知截至 2016 年 6 月底,尾水导流工程对南水北调干线水质影响的效益合计为 37 257.54 万元,如表 2-19 所示。

表 2-19 尾水导流工程对南水北调干线水质影响效益合计   单位:万元

年份	徐州市	宿迁市	淮安市	江都区	合计
2010	—	—	—	271.81	271.81
2011	2 947.52	57.61	2 820.62	263.42	6 089.17
2012	3 930.03	212.85	2 820.62	311.71	7 275.21
2013	3 930.03	204.60	2 892.99	171.26	7 198.88
2014	3 930.03	188.06	1 420.55	226.81	5 765.45
2015	3 930.03	188.86	2 820.62	168.59	7 108.10
2016	1 965.01	94.18	1 410.31	79.42	3 548.92
合计	20 632.65	946.16	14 185.71	1 493.02	37 257.54

二、尾水导流工程对南水北调干线受水区社会影响的损益计量

(一)尾水导流工程对南水北调干线受水区社会影响损益分析

江苏省尾水导流工程的实施对南水北调干线受水区社会环境带来重大影响,各影响损益主要表现在以下方面:

1. 受水区居民生活质量改善的效益分析

江苏省南水北调尾水导流工程的实施,可以促进南水北调工程东线水质的提高,促进输水干线沿线生态环境的改善,有利于改善受水区居民生活用水质量,提高居民生活水平;对于改善当地居民的居住环境,提升当地居民的休闲生活质量将发挥重要作用。鉴于以上分析,尾水导流工程对南水北调干线受水区居民生活质量影响的效益主要体现在以下方面:

(1)生活用水水质改善效益。据调研,尾水导流工程建设后,南水北调干线水质稳定达标,受水区居民生活用水水质普遍改善。在南水北调调水以前,由于生活用水水质差,受水区居民普遍存在购买桶装水、矿泉水作为生活用水的现象,生活用水成本较高;南水北调水质稳定后,受水区居民生活用水水质改善后,居民不必采取购买桶装水、安装净水器等方式提高用水品质,从而降低了居民生活用水成本,提高了居民生活质量。

(2)居民休闲生活质量提高效益。南水北调水质的改善,提高了受水区当地水环境容量,生态环境持续改善,同时伴随城市规划的合理布局,部分地区的工程沿线环境良好,形成良好的风景观光带,改善了当地居民的休闲生活质量,甚至带动了当地房地产价格的提升。

因此,尾水导流工程的建设具有良好的降低居民生活成本、提高休闲生活质量效益以及土地及房地产价格的增值效益。

2. 受水区居民身体健康状况改善的效益分析

水是人类生存的必要条件,关系到人民的健康。世界卫生组织(WHO)调查显示:全世界 80% 的疾病是由饮用被污染的水造成的,由于饮用水的不良水质引起的消化道疾病、传染病、皮肤病、糖尿病、癌症、胆结石、心血管疾病多达 50 种以上。江苏省疾病控制中心专家经多年研究后绘制出江苏省癌症死亡分布图,高发区在苏中里下河地区和环太湖流域——全在水源附近。近年来,在一些污染严重的流域,出现了许多"癌症村"报道,江苏省肿瘤医院院长、省肿瘤防办主任周建农主任医师在 2003 年接受采访时介绍,在全国癌症死亡率最高的前 30 个县中,江苏占了 9 个,癌症发病率及死亡率已处于全国前列[①]。

因此,江苏省南水北调尾水导流工程的实施,在确保受水区居民生活、工业、农业用水水质的基础上,对改善受水区沿线居民身体健康、降低受水区居民医疗成本、护理费用等方面是极为有利的。

3. 提高受水区居民对南水北调引水的心理认可度及满意度的效益分析

尾水导流工程建设确保了南水北调干线水质,解决了输水干线水质不稳定的难题,稳定的水质消除了受水区居民对于南水北调干线水质的疑虑,受小区居民对于南水北调引水的心理认可度和满意度逐步提升。

受水区居民心理认可度和满意度的提高,有利于尾水导流工程及南水北调工程效益的充分发挥:一方面,有利于解决各受水区用水难题,提高各地的社会及经济效益;另一方面,有利于提高南水北调引水的竞争力,提高工程经济效益。

4. 受水区居民环境意识提高的效益分析

伴随着工程建设、水质改善,居民环境意识日趋提高,其效益体现在:环境意识提高带动环境行为的开展,有利于环境保护工作的实施,有利于水环境乃至生态环境的改善,具有重要的环境效益。

(二) 量化方法的选择及计量模型的构建

在研究过程中,考虑到尾水导流工程建设对居民健康影响效益短期内难以体现,且数据难以搜集;对居民心理影响的效益测算参数难以确定;对受水区居民环境意识影响的效益受多种因素的影响且计量难度较大,在此,主要考虑对尾水导流工程建设对干线受水区居民生活质量的影响进行计量。以下量化方法的选择及计量模型的构建皆在此基础上展开。

1. 量化方法分析——意愿调查法

意愿调查法又称意愿调查价值评估法(Contingent Valuation Methord,CVM),是一种基于调查的评估非市场物品和服务价值的方法,利用调查问卷直接引导相关物品或服

---

① 丁海燕. 连云港饮用水水质与市区人群健康的关系及改善措施[J]. 当代生态农业. 2012(Z1):107-112.

务的价值,所得到的价值依赖于构建(假想或模拟)市场和调查方案所描述的物品或服务的性质。这种方法被普遍用于公共品的定价,公共品具有非排他性和非竞争性的特点,在现实的市场中无法给定其价格。环境物品是个很好的例子,对其经济价值的评估是意愿调查的一个重要应用。

由于尾水导流工程对南水北调干线受水区的社会影响难以直接通过市场获取人们的偏好信息,且样本人群具有代表性,因此在本书中,对于尾水导流工程对干线受水区居民生活质量影响的计量可选择意愿调查法。

2. 量化思路

采用意愿调查法的思路是:调查者首先要向被调查者解释要估价的环境物品或服务的特征及其变动的影响(例如,砍伐或保护热带森林所可能产生的影响,或者湖水污染所可能带来的影响),以及保护这些环境物品或服务(或者说解决环境问题)的具体办法,然后询问被调查者,为了改善保护该热带森林或水体不受污染,他最多愿意支付多少钱(即最大的支付意愿),或者反过来询问被调查者,他最少需要多少钱才愿意接受该森林被砍伐或水体污染的事实(即最小接受赔偿意愿)。因此,本研究结合意愿调查法的基本思路,通过设计相关调查问卷,就干线受水区居民为改善生活质量愿意支付的金额进行统计,即可推算出尾水导流工程对干线受水区居民生活质量产生的效益。

为降低意愿调查法本身的局限性对研究结果的影响,在进行问卷调查时应注意:(1)详细向被调查者说明尾水导流工程的相关情况,以降低被调查者出现的理解等误差;(2)为避免策略性误差,应强调这是基于被调查者的真实年收入而言的,被调查者应根据自身的真实年收入作出真实的支付意愿;(3)由于支付形式和支付能力是紧密连接在一起的,在某种程度上会影响到个人的支付意愿,故在问卷中明确其支付形式,从而在一定程度上避免被调查者的虚假行为。

3. 模型构建

通过意愿调查法,可以计算出干线受水区居民对于改善生活质量的人均支付意愿,再根据尾水导流工程对南水北调干线受水区影响的人数,则有:

$$L = \frac{1}{n}\sum_{i=1}^{n} w_i \times N \tag{2-2}$$

式中:L 为尾水导流工程影响南水北调干线受水区居民生活质量的效益;w_i 为被调查者对于改善生活质量的支付意愿;n 为样本人数,N 为南水北调干线受水区受影响的人数。

(三) 参数的确定

第一,本书采用问卷调查方式对南水北调干线受水区居民的支付意愿进行研究。通过对干线受水区居民进行随机性匿名问卷调查,调查对象包括农民、工人、学生、行政人员等,且充分考虑到性别、年龄以及经济收入差异等情况,共发放 180 份问卷。问卷整理结果如表 2-21—表 2-24 所示。

根据对调查问卷设置的题目"为了使南水北调输水干线水质从十年前的状况改善到现在的状况,您的家庭是否愿意支付一些钱?"统计确定南水北调干线受水区居民是否愿意为改善生活质量支付一定的费用。

问卷结果显示,在回收的 180 份问卷中,有 118 人表示为了改善生活质量愿意支付一定的金额,占 65.6%;有 50 人表示不愿意支付相应的金额,占 27.8%;有 12 人并未作出任何表示,占 6.7%。在不愿意支付相应金额的居民中,1 人表示"由于经济负担不起,否则愿意付费";6 人表示"对南水北调输水干线水质状况不感兴趣";26 人认为"这项支付应该由政府负担,不应该由居民负担";17 人认为"这项支付应该由污染企业负担,不应该由居民负担"。

第二,采用问卷调查法,针对愿意支付一定金额的居民设置调查问卷题目:"如果上题中选'愿意'的话,那么十年时间按户每月向您家收取除水费以外的额外费用,您愿意支付多少?"来统计确定干线受水区居民愿意为改善生活质量支付的具体金额。调查结果如表 2-23 和表 2-24 所示。

第三,影响干线受水区居民人口数的确定。根据 2015 年江苏省统计年鉴,徐州市受影响居民人口约为 862.83 万人,宿迁市受影响居民人口约为 484.32 万人,淮安市受影响居民人口约为 485.21 万人,江都区受影响居民人口约为 72.81 万人(主要涉及仙女镇、小纪镇、武坚镇、樊川镇、真武镇、宜陵镇、丁沟镇、郭村镇、邵伯镇、丁伙镇)。

(四) 经济损益的货币化计量

根据以上分析可知,尾水导流工程影响南水北调干线受水区居民人口约为 1 905.17 万人。为保守计算,对于未填问卷的支付意愿视为零,据此可以计算出南水北调干线受水区居民愿意为改善生活质量支付的金额为 1 275 元,人均 7.08 元/月。

1. 徐州市尾水导流工程对南水北调干线受水区居民生活质量影响的效益计量

根据以上分析,得到徐州市尾水导流工程影响干线受水区居民人口数约为 862.83 万人,结合问卷调查得到的居民为改善生活质量人均支付意愿为 7.08 元/月,计算可得影响徐州市干线受水区居民生活质量的效益为 73 340.55 万元/年。

2. 宿迁市尾水导流工程对南水北调干线受水区居民生活质量影响的效益计量

根据以上分析,得到宿迁市尾水导流工程影响干线受水区居民人口数约为 484.32 万人,结合问卷调查得到的居民为改善生活质量人均支付意愿为 7.08 元/月,计算可得影响宿迁市干线受水区居民生活质量的效益为 41 167.20 万元/年。

3. 淮安市尾水导流工程对南水北调干线受水区居民生活质量影响的效益计量

根据以上分析,得到淮安市尾水导流工程影响干线受水区居民人口数约为 485.21 万人,结合问卷调查得到的居民为改善生活质量人均支付意愿为 7.08 元/月,计算可得影响淮安市干线受水区居民生活质量的效益为 41 242.85 万元/年。

4. 江都区尾水导流工程对南水北调干线受水区居民生活质量影响的效益计量

根据以上分析,得到江都区尾水导流工程影响干线受水区居民人口数约为 72.81 万人,结合问卷调查得到的居民为改善生活质量人均支付意愿为 7.08 元/月,计算可得影响江都区干线受水区居民生活质量的效益为 6 188.85 万元/年。

5. 尾水导流工程对南水北调干线受水区居民生活质量影响的效益分析

根据上述分析,可知截至 2016 年 6 月底,尾水导流工程对南水北调干线受水区居民生活质量影响的效益合计为 850 560.16 万元,如表 2-20 所示。

表 2-20　尾水导流工程对南水北调干线受水区居民生活质量影响效益合计　单位:万元

年份	徐州市	宿迁市	淮安市	江都区	合计
2010	—	—	—	5 673.11	5 673.11
2011	55 005.41	13 722.40	41 242.85	6 188.85	116 159.51
2012	73 340.55	41 167.20	41 242.85	6 188.85	161 939.45
2013	73 340.55	41 167.20	41 242.85	6 188.85	161 939.45
2014	73 340.55	41 167.20	41 242.85	6 188.85	161 939.45
2015	73 340.55	41 167.20	41 242.85	6 188.85	161 939.45
2016	36 670.28	20 583.60	20 621.43	3 094.43	80 969.74
合计	385 037.89	198 974.80	226 835.68	39 711.79	850 560.16

表 2-21 干线受水区居民为改善生活质量支付意愿调查结果表

项目	频率	百分比	其中:							
			徐州		宿迁		淮安		江都	
			频率	百分比	频率	百分比	频率	百分比	频率	百分比
没填	12	6.7%	12	13.3%						
A.愿意	118	65.6%	64	71.1%	17	56.7%	17	56.7%	20	66.7%
B.不愿意	50	27.7%	14	15.6%	13	43.3%	13	43.3%	10	33.3%
B(a).由于经济负担不起,否则愿意付费	1	0.6%	1	1.1%						
B(b).不相信实施这样的南水北调输水干线水质会有效果	0	0.0%					6	20.0%		
B(c).对南水北调输水干线水质状况不感兴趣	6	3.3%								
B(d).这项支付应该由政府负担,不应该由居民负担	26	14.4%	8	8.9%	5	16.7%	5	16.7%	8	26.7%
B(e).这项支付应该由污染企业负担,不应该由居民负担	17	9.4%	5	5.6%	8	26.7%	2	6.7%	2	6.7%
B(f).其他原因	0	0.0%								
合计	180	100.0%	90	100.0%	30	100.0%	30	100.0%	30	100.0%

注:上表徐州数据中包含新沂和睢宁地区数据。

表2-22　干线受水区居民为改善生活质量支付意愿调查结果表

项目	频率	百分比	其中:											
			徐州		新沂		睢宁		宿迁		淮安		江都	
			频率	百分比	频率	百分比	频率	百分比	频率	百分比	频率	百分比	频率	百分比
没填	12	6.7%	9	30.0%			3	10.0%						
A.愿意	118	65.6%	19	63.3%	18	60.0%	27	90.0%	17	56.7%	17	56.7%	20	66.7%
B.不愿意	50	27.7%	2	6.7%	12	40.0%			13	43.3%	13	43.3%	10	33.3%
B(a).由于经济负担不起,否则愿意付费	1	0.6%			1	3.3%								
B(b).不相信实施这样的南水北调输水干线水质会有效果	0	0.0%												
B(c).对南水北调输水干线水质状况不感兴趣	6	3.3%			6	20.0%					6	20.0%		
B(d).这项支付应该由政府负担,不应该由居民负担	26	14.4%	2	6.7%	5	16.7%			5	16.7%	5	16.7%	8	26.7%
B(e).这项支付应该由污染企业负担,不应该由居民负担	17	9.4%			5	16.7%			8	26.7%	2	6.7%	2	6.7%
B(f).其他原因	0	0.0%												
合计	180	100.0%	30	100.0%	30	100.0%	30	100.0%	30	100.0%	30	100.0%	30	100.0%

表 2-23 干线受水区居民为改善生活质量支付金额调查结果表

其中：

| 选项 | 频率 | 百分比 | 徐州 | | 宿迁 | | 淮安 | | 江都 | |
			频率	百分比	频率	百分比	频率	百分比	频率	百分比
没填	12	6.7%	12	13.3%						
0元	50	27.8%	14	15.6%	13	43.3%	13	43.3%	10	33.3%
2元	25	13.9%	8	8.9%	10	33.3%	1	3.3%	6	20.0%
5元	24	13.3%	14	15.6%	3	10.0%	2	6.7%	5	16.7%
10元	37	20.6%	27	30.0%	1	3.3%	3	10%	6	20.0%
15元	9	5.0%	5	5.6%			4	13.3%		
20元	15	8.3%	6	6.7%	2	6.7%	4	13.3%	3	10.0%
30元	5	2.8%	2	2.2%	1	3.3%	2	6.7%		
50元	3	1.7%	2	2.2%			1	3.3%		
合计	180	100.1%	90	100.1%	30	99.9%	30	99.9%	30	100.0%

注：上表徐州数据中包含新沂和睢宁地区数据。

表 2-24 干线受水区居民为改善生活质量支付意愿调查结果表

其中：

选项	频率	百分比	徐州		新沂		睢宁		宿迁		淮安		江都	
			频率	百分比	频率	百分比	频率	百分比	频率	百分比	频率	百分比	频率	百分比
没填	12	6.7%	9	30.0%			3	10.0%						
0元	50	27.8%	2	6.7%	12	40.0%			13	43.3%	13	43.3%	10	33.3%
2元	25	13.9%	2	6.7%	2	6.7%	4	13.3%	10	33.3%	1	3.3%	6	20.0%
5元	24	13.3%	4	13.3%	6	20.0%	4	13.3%	3	10.0%	2	6.7%	5	16.7%
10元	37	20.6%	4	13.3%	5	16.7%	18	60.0%	1	3.3%	3	10%	6	20.0%
15元	9	5.0%	4	13.3%	1	3.3%					4	13.3%		
20元	15	8.3%	2	6.7%	3	10.0%	1	3.3%	2	6.7%	4	13.3%	3	10.0%
30元	5	2.8%	2	6.7%					1	3.3%	2	6.7%		
50元	3	1.7%	1	3.3%	1	3.3%					1	3.3%		
合计	180	100.1%	30	100.0%	30	99.9%	30	99.9%	30	99.9%	30	99.9%	30	100.0%

第三章

尾水导流工程对尾水导出区域生态及社会环境影响损益研究

第一节 尾水导出区域范围的界定

一、徐州市尾水导出区域范围的界定

徐州市截污导流尾水输送工程规模为日输送尾水 80.91 万吨,利用现有河道和新开河道,将荆马河、三八河、邳州等污水处理厂尾水送入新沂河后入海,新开尾水渠道(涵管)25.70 千米,利用现状河渠 144.58 千米(其中疏浚 95.83 千米);建设干渠建筑物 42 座(其中控制涵闸 24 座、输水涵洞 14 座、混凝土渠 3 处、提升泵站 1 座);新(改)建跨河桥梁 94 座(其中公路桥 13 座、生产桥 81 座),按照恢复原功能原则实施小型配套建筑物 116 座,工程投资约为 73 841 万元。徐州市截污导流工程位置和线路见图 3-1,污水收集范围为徐州段

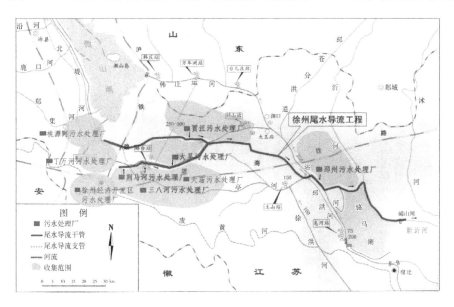

图 3-1 徐州市尾水导流工程尾水导出区域范围

不牢河、房亭河、大运河邳州段三个控制单元内。徐州市尾水导出区域范围见表 3-1。

表 3-1　徐州市尾水导流工程尾水导出区域范围

项目名称	污水处理厂	污水收集及控制范围
徐州市尾水导流工程	荆马河污水处理厂 1 期	经济开发区内荆马河以北、京杭大运河以南
	三八河污水处理厂 1 期	泉山区荆马河以南、黄河以北区域内的生活污水、工业废水
	贾汪污水处理厂	贾汪屯头河集水区工业和生活污水
	邳州污水处理厂	邳州市东区生活污水、工业废水
	桃源河污水处理厂	铜山区柳新镇周边生活污水、工业废水
	大吴污水处理厂	不牢河区域生活污水、工业废水
	徐州经济开发区污水处理厂	京杭运河以南、蟠桃山以东、三八河房亭河以北、大黄山镇以西 19.1 平方千米内纺织、酿造、多晶硅工业废水
	大庙污水处理厂	大黄山镇以北、徐庄镇以西大庙镇区域内生活污水、工业废水
	丁万河污水处理厂	徐州九里区、鼓楼工业园区和万寨片区的生活污水和工业废水

二、新沂市尾水导出区域范围的界定

新沂城区尾水导流工程建设范围为：自新沂市城南污水处理厂新建 DN 1200 和 DN 1400 双排管道沿新墨河、总沭河和总沭河以西农田至新沂河，单排管道全长 26 842 米。城市和经济开发区污水处理厂至新沂河尾水通道主干线路为：沿新墨河左堤外侧至新墨河口入总沭河，沿总沭河右堤左右侧滩面至响马林后沿邵店西北侧进入新沂河。沭东新城区污水处理厂尾水规划通过管道在新墨河口处导入主干管。工程使城市污水处理厂、经济开发区污水处理厂和沭东新城区污水处理厂的尾水导入新沂河尾水通道顺利入海，保障南水北调调水和南水北调供水区连云港、宿迁、徐州水质安全，改善新沂城区及总沭河王庄闸以上水环境，避免尾水对骆马湖、王庄闸以上总沭河、新墨河污染。新沂市尾水导出区域范围见表 3-2。

表 3-2　新沂市尾水导流工程尾水导出区域范围

项目名称	污水处理厂	污水收集及控制范围
新沂市尾水导流工程	新沂市城市污水处理厂	总沭河以西城市规划区内的生活污水和部分工业废水
	新沂经济开发区污水处理厂	新沂经济开发区唐店片区内的工业废水和生活污水
	新沂市沭东新城区污水处理厂	总沭河以东城市规划区内的生活污水和新沂—无锡工业园工业废水

三、睢宁县尾水导出区域范围的界定

由睢宁县城镇污水处理厂建设规划及尾水去向分析，睢宁县进入导流系统的尾水主要来自睢宁县经济开发区污水处理厂和睢宁县桃岚化工园区污水处理厂。睢宁段尾水线路规划从睢宁县城镇污水处理厂沿徐沙河、老龙河、牛鼻河和庆安西干渠，依次穿越睢北河、废黄河、民便河、房南河、房亭河，沿房亭河北滩地、丰产大沟南岸向东进入彭河，汇入徐州市截污导流主干线。睢宁经济开发区污水处理厂设计规模为 4.5 万吨/天,接纳经济开发区企业废水及生活污水,目前一期工程 2.25 万吨/天已基本建成;睢宁县桃岚化工园区污水处理厂,设计规模为 3 万吨/天,接纳睢宁县桃岚化工园区化工废水。睢宁县尾水导出区域范围见表 3-3。

表 3-3　睢宁县尾水导流工程尾水导出区域范围

项目名称	污水处理厂	污水收集及控制范围
睢宁县尾水导流工程	睢宁县经济开发区污水处理厂	经济开发区企业废水及生活污水
	睢宁县桃岚化工园区污水处理厂	睢宁县桃岚化工园区化工废水

四、宿迁市尾水导出区域范围的界定

宿迁市截污导流工程规模为日输送尾水 7 万吨,通过管道收集运西工业尾水,经提升泵站送到城南污水处理厂出水口,在城南污水处理厂出水口设提升泵站,通过有压管道将尾水送入新沂河山东河口,在北偏泓入海,运西尾水收集系统铺设截污干管 7.0 千米,压力管道 2.8 千米,新建提升泵站 1 座;尾水输送系统铺设输水管道 23.3 千米,新建总提升泵站 1 座,顶管 8 处。完成总投资 10 230 万元。宿迁市截污导流工程路线布置见图 3-2。

图 3-2　宿迁市尾水导流工程尾水导出区域范围

宿迁市截污导流工程功能比较单一，截污导流工程污水收集范围主要与城南污水处理厂配套管网的范围相关，为运河与黄河之间、南二环与通湖大道的区域 12.7 平方千米，宿迁市尾水导出区域范围见表 3-4。

表 3-4 宿迁市尾水导流工程尾水导出区域范围

项目名称	污水处理厂	污水收集及控制范围
宿迁市尾水导流工程	城南污水处理厂	运河与黄河之间、南二环与通湖大道的区域
		运西工业达标排放的工业废水

五、淮安市尾水导出区域范围的界定

淮安市截污导流工程规模为日输送尾水 9.7 万吨，沿大运河、里运河共铺设截污干管 20.12 千米、沿线建设污水提升泵站 2 座，设计流量均为 0.579 立方米/秒，河道清淤 24.3 千米；清安河导流工程包括河道疏浚 22 千米、城区段河坡防护等，工程初步设计概算投资 33 240 万元，加上地方配套移民安置估算资金为 25 700 万元，总投资约为 58 940 万元。淮安市尾水导流工程路线布置见图 3-3。

淮安市截污导流工程污水收集系统，主要是将清浦、清河、开发区直接排入大、里运河的污水进行截流，分别送入四季青和第二污水处理厂集中处理，达标后排入清安河。截污工程分为 5 个系统。淮安市尾水导出区域范围见表 3-5。

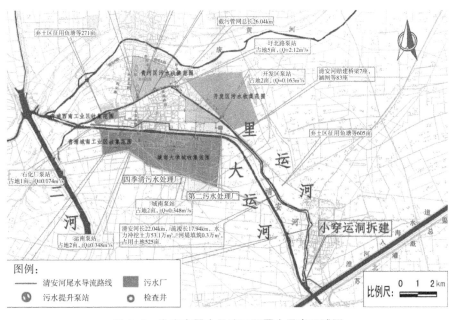

图 3-3 淮安市尾水导流工程尾水导出区域图

表 3-5　淮安市尾水导流工程尾水导出区域范围

项目名称	污水处理厂	污水收集及控制范围
淮安市尾水导流工程	第二污水处理厂	清江浦圩北路:健康路以南、里运河以北、北京路以东、圩北路以西区域
		开发区:苏州路以东、厦门路以南
		城南大学城:大运河以南,从淮海路至天津路之间的柯山路
	四季青污水处理厂	清浦城南工业区:沿北京南路至大运河南岸
		清浦西南工业区:西安路以西,主要污染来源为沿线工矿企业排入里运河的污水

六、江都区尾水导出区域范围的界定

江都区截污导流工程规模为日输送尾水 4 万吨,通过管道将江都污水处理厂尾水输送至长江,建提升泵站 1 座,设计流量 0.46 立方米/秒,顶管 6 座,铺设总干管累计长度 22.78 千米,倒虹吸 22 座,架空管道 14 座,投资 0.8 亿元。江都区尾水导流工程路线布置见图 3-4。

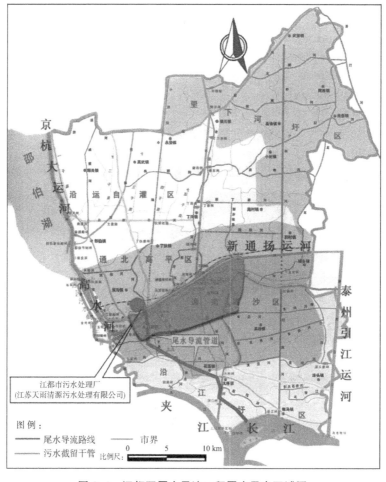

图 3-4　江都区尾水导流工程尾水导出区域图

江都区老城区排水系统要进行改造,建造一条截留总干管,在总干管末端新建污水处理厂;新区新建排水系统,采用雨污分流制,老城区由合流制改为分流制。江都区污水处理厂收集范围为主城区,具体导出区域为新通扬运河以南、灰粪港以北,新都路向西,张胜路向东。

第二节　尾水导流工程对尾水导出区域生态环境的影响及定性分析

一、影响生态环境的一般因素分析

(一)自然因素

影响生态的自然因素包括气候、降水、冰川、湿地、土壤、野生动植物资源等。气候变化对生态环境的影响研究来说是一个重要的世纪课题,在过去二十余年间,全球气温已明显升高,气候变化已经或即将对全球环境造成严重影响。在对水资源的影响方面,在过去100年里全球温度上升了0.3~0.6℃,随着全球温度变化,实际蒸发损耗量增大,径流深和水储量相对减少;在对农业的影响方面,伴随着气候变化农业气象灾害不断加剧,使得高温、干旱、强降水等极端天气日益频发,进一步制约农业的气候资源和生产潜力,并加剧农业生产的不稳定性,从而提高粮食减产风险;气候变化对森林生态系统的影响,表现为气温逐年升高,降水量逐年减少,使水热匹配失调,不利于林作物生产;气候对于草原生态环境的影响主要表现为干旱加重、草地土壤侵蚀、潜在荒漠化趋势增大,气候变化改变区域的植被分布,气温升高将使干旱面积扩发、草原面积减少,从而对畜牧业产生影响。

降水对地表水资源的作用主要反映为降水的产水系数,即径流系数,它与下垫面的地形、地貌、下渗强度、降水强度等要素有关。流域坡度大、地表不透水性能好、表层含水量丰富,降水强度高,增加河川径流量,对地表水资源的贡献就越大。降水形成的冰雪、河川径流等地表水资源以及对地下水的补给为生态系统的发育和生态环境的改善提供水源保障。

冰川对于调节地球气温,维持全球热平衡和水平衡方面有着重要的作用。冰川消融使一些动植物的生活环境被破坏,也给人类生存环境造成威胁。冰川对生态系统功能的影响主要表现在:干流径流减少、地下水位不断下降、土地沙漠化速度不断加快、天然植被其净初生产力将随着气候变化,导致地下水埋深的减少和土壤沙化加剧。

湿地是人类最重要的环境资本之一,其广泛分布于世界各地,是生物多样性较丰富和生产力较高的生态系统。各类湿地在提供水资源、调节气候、涵养水源、均化洪水、促淤造陆、降解污染物、保护生物多样性和为人类提供生产、生活资源方面发挥了重要作用。湿地蓄水能力强，能拦蓄洪水，有防洪抗灾作用。如鄱阳湖枯水期的湖泊面积为500平方千米，而丰水期湖泊面积可达 1 600 平方千米。湿地还可以提供水源和补充地下水，也可以是河源的一部分，如长江、黄河的发源地就是沼泽地。此外，湿地对调节气候，过滤污物净化水质，防止水土侵蚀，保持生态平衡等方面也有着不可估量的作用。

土壤是地球生态系统的重要组成部分。在地球演化漫长的历史过程中，与大气、水、生物系统形成了宏观的相对平衡的体系。新中国成立后，随着工业的发展，大量的废水、废气和固废排向环境造成了环境污染，其中包括土壤污染，外来的有毒有害农药、石油、重金属以及酸性物质，破坏了土壤中物质和生态系统固有的动态平衡。土壤污染物主要来自污染的大气沉降、废水和污水灌溉、工业废渣和城市垃圾以及农药施用等。土壤污染不仅对土壤本身有影响，还会影响土壤中的微生物。

野生动植物资源包括地球上全部野生植物和野生动物，其中包含作为物种的个体和作为生态系统组成部分的群体。野生动植物资源是十分珍贵的资源，具有生态、物质资源、遗传基因、文化四大功能，在国民经济中占有十分重要的地位。野生动植物资源的作用具体表现在以下几个方面：①野生植物资源除了能直接提供经济效益外，还为动物和微生物提供栖息环境，它们还具有涵养水源、保持水土、防止水土流失、改良土壤、防风固沙、调节气候、防治污染、美化环境等多种生态效益；②野生动物资源的生态效益是显而易见的，而且野生动物中有很多是害虫、害兽的天敌，对维持自然生态平衡起着重要的作用；③野生动植物资源最重要的贡献，是它们在保持生态系统健全、完整和适应能力方面发挥的作用。它们为人类和其他动物提供食物，使对农业至关重要的养分再循环，帮助产生和保持肥沃的土壤。野生植物还产生和保持大气中的氧气和其他气体，调节气候，帮助调节供水，它们还组成人类和其他物种可汲取的巨大的基因库。

（二）人文因素

影响生态的人文因素包括农业生产、畜牧业生产、工业生产、水资源过度开发等。我国在 20 世纪六、七十年代因为人们盲目开荒造田，导致植被破坏，生态环境失衡恶化，造成土地风蚀、沙化和水土流失严重等恶果。发达国家为发展生产大力改造自然环境，但也对自然环境产生了不良后果，并且导致自然综合体发生剧烈变化。综合农业因素是由多种因素组成的，按其类型可以分为四类：①机械因素，如森林滥砍滥伐、野生植被采集、水库修建、土培改动等；②物理因素，如磁场、噪音等；③化学因素，如农药、工业水污染、无机化肥等；④生物因素，如家禽家畜病体传播、动植物引种等。

随着中国畜牧业饲养规模的日益扩大，在畜牧生产过程中对生态环境造成的污染也越来越严重。畜牧生产中产生的废弃物不仅严重污染着人类的生存环境，而且严重制约了畜牧业的持续稳定发展。畜牧业生产主要包括直接污染和间接污染。直接污染主要是养殖场向环境中排放的废弃物造成的污染，包括向空气中排放的粉尘和畜禽舍中的气体和向水中排放的污水和废弃的消毒残液，向土壤中排放的畜禽粪便、霉烂变质的饲料及垃圾等,这些排放物直接污染着生态环境。间接污染则是在畜牧业内部人为所造成的饲料污染。目前,各养殖场普遍使用饲料添加剂来提高畜禽的生长和生产能力。许多添加剂中含有对人体和生态环境有害的重金属,含有镇静类、安眠类、激素类、抗生素类药物和其他有害物质。当长期使用这些药物和含有这些添加剂的饲料时,便造成畜禽的排泄物、畜禽体内及产品中这些有害物质和药物的残留量增加,从而造成间接污染。

工业是城市经济重要的物质生产部门和经济社会发展的主导产业,工业的特征决定了它对生态环境有巨大影响。生态破坏、环境污染虽然未必是工业活动的必然结果,但二者确有内在联系。我国的工业发展虽然仅短短几十年,但由于规模巨大、发展速度快,对生态环境造成了难以估计的破坏,目前我国已经成为世界上污染物排放量最多的国家,同时生态环境也遭到严重破坏。我国用巨大的生态与环境代价换得了工业的发展,以粗放掠夺式发展的采掘和加工工业,大毁森林,侵占耕地、山地、草原、河湖。锋芒直对生态环境,损害了一些风景胜地、生物繁衍地带,浪费资源,各种灾害年复一年,维护生态环境的速度赶不上受害的发展速度。据报道,我国污染对经济造成的损失每年约占GDP的7%,与经济发展速度接近。据国务院发展研究中心专家判断,我国环境的总体状况是局部有改善,整体在恶化,恶化的趋势尚未得到根本扭转。

水资源是荒漠绿洲形成、发展和稳定的基础,是自然界物质和能量迁移转化的主要介质。人类对水资源开发利用的种种手段和方法,都会使水的循环转化条件和整个水资源系统发生变化。在此之前,已有大量的学者对水资源所存在的问题进行过探讨,如许文海就针对石羊河流域水资源过度开发利用所引起的生态环境问题作了系统的阐述,提出了8条河流出山地表水资源均有显著较少的趋势;裴源生所提出的南水北调对海河流域水生态环境的影响,表明了人类对水资源的过度开发利用已改变了海河流域的天然水循环并导致水生态环境全面退化;何凡能提出了海河流域河流季节化的改变所影响的地下水及生态环境的影响,明确指出河流季节化与平原地区地下水之间存在着相互影响、相互因果的密切关系,河流季节化因地下水超采的日益严重而越演越烈;同时还由于水资源的短缺,而导致的生态环境脆弱和水资源的过度开发利用,使得甘肃河西地区内陆河流域出现荒漠化严重的水资源问题。

二、尾水导流工程对尾水导出区域生态环境影响的定性分析

近年来,随着全球经济快速地发展,生态环境问题已成为人类发展历程和科学研究中的又一项棘手难题,各国学者也更加重视对这一问题的深入研究,讨论如何对水体、大气、噪声以及固体废弃物等污染采取措施,进行有效的治理。同期,水污染问题愈显突出,水生动植物死亡、体内带毒现象日益严重,直接危及居民的健康。此时,政府也认识到治理水污染、保护水生态环境的重要意义,及时地采取了一系列措施,从而推动了水生态环境保护事业的开展。

尾水导流工程是水生态保护措施的重要方面,本工程对尾水导出区域生态环境的影

响主要表现在水质方面,工程通过导出尾水实现了尾水的空间转移。本工程实施前,尾水导出区域的水质超标严重,对当地生态环境产生了恶劣的影响。本工程实施后,尾水导出区域的污水经污水处理厂收集并进行处理,对该区域生态环境的影响主要表现为区域水质得到明显改善,水生生物的生存环境质量提高,有利于水生动植物的生长发育。当区域水环境质量提高时,水生动物的生存环境得到改善,这有利于渔业产量的提高和鱼类品质的提升。同时,工程的实施也间接促进了水生植物的生长。

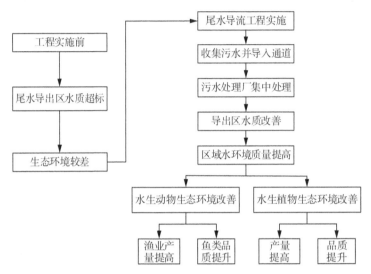

图 3-5　尾水导流工程对尾水导出区域生态影响的机理框图

根据调研可知,尾水导流工程对尾水导出区生态环境的影响主要体现在水质方面,工程的实施有利于实现污水的收集,加大了污水处理厂的提标改造力度,促进尾水导出区域河流水质的改善。具体表现为:(1)对于水生动物而言,由于尾水导出区域不存在水产养殖,因此并不涉及对渔业产量和鱼类品质的影响;(2)对于水生植物而言,尾水导流工程改变了水生植物的生长环境,但由于这些水生植物的经济价值低,从成本角度出发,不对这些水生植物的经济损益进行计算。

第三节　尾水导流工程对尾水导出区域社会环境影响及量化分析

一、尾水导流工程对尾水导出区域社会环境影响分析

尾水导流工程所产生的社会影响广泛,对尾水导出区域居民的生活质量、身体健康、心理健康、就业及社会和谐性、公共服务及居民的环保意识等方面产生一定的促进作用,如改善尾水导出区水环境现状,提升当地居民生活质量,由于水质提升而改善当地居民

身体健康状况等。

在以上影响中,对于居民环境意识的影响尤为显著,主要表现为对居民的生活污水排放意识、生活垃圾分类意识、绿色消费意识、环境保护支付意愿等方面产生的影响。在此主要对这些方面进行分析。

(一)工程实施对生活污水排放意识的影响

一方面,媒体真实和及时的报告,对公众环境意识和环境保护意识产生了较大的影响;另一方面,媒体和各种社会环保团体长期以来对社会开展了形式多样的环境保护宣传活动,使越来越多的居民对环境问题有了更深的认知,主动关注环境的意愿不断增强,环境意识因而得到不断的提升。

当前居民的生活污水排放意识较高,节水行动从日常生活中的细微处做起,比如居住处的马桶用水由大排量改为小排量,从而实现节约用水、减少污水排放。另外,一些居民对于生活中的洗澡、洗菜等污水储备起来再次利用,将储备的生活污水用来冲马桶、浇花卉,从而实现废水简单的再次利用,减少生活污水的排放量。许多市民已经采取了这类的节水措施,用桶储存生活污水,以便再次使用。

城镇居民生活污水对水环境的影响主要以化学需氧量(COD)和氨氮(NH_3-N)的排放为主。结合《江苏省统计年鉴(2015)》可得各市城镇居民生活污水排放量、化学需氧量排放量、氨氮排放量情况,如下表所列。

表 3-6　各市 2014 年城镇居民生活污水及污染物排放量

项目 地区	城镇生活污水排放量(万吨)	化学需氧量排放量(吨)	氨氮排放量(吨)
徐州市	32 248	132 068	13 382
宿迁市	15 560	100 515	10 790
淮安市	17 066	70 331	9 331
扬州市	19 573	54 832	7 312

注:来源《江苏统计年鉴(2015)》。

结合上表数据可知各市城镇居民生活污水排放量、化学需氧量排放量、氨氮排放量较大。本书采用问卷调查法对尾水导出区域居民生活污水排放意识进行研究。通过对尾水导出区域居民进行随机性匿名问卷调查,调查对象包括农民、工人、学生、行政人员等,且充分考虑到性别、年龄以及经济收入差异等情况,共发放 180 份问卷。问卷整理结果如表 3-7 和 3-8 所示。尾水导流工程对居民生活污水排放影响分析如下:

1. 深切意识到环境保护的迫切性

随着新闻媒体对尾水导流工程建设及运行的追踪报道,加上政府环保政策的大力宣传,尾水导出区域的居民越来越意识到周边环境存在的问题,也感受到了进行环境保护的迫切性。

表 3-7 尾水导出区域居民生活污水排放意识调查结果表

项目			频率	百分比	其中：徐州 频率	徐州 百分比	宿迁 频率	宿迁 百分比	淮安 频率	淮安 百分比	江都 频率	江都 百分比
是否意识到环境问题的严重性，需进行环境保护的迫切性？（程度：没有感觉1→感觉强烈5）	十年前	1	25	13.9%	14	15.6%	1	3.3%	4	13.3%	6	20.0%
		2	56	31.1%	33	36.7%	13	43.3%	3	10.0%	7	23.3%
		3	45	25.0%	12	13.3%	7	23.3%	15	50.0%	11	36.7%
		4	18	10.0%	3	3.3%	5	16.7%	6	20.0%	4	13.3%
		5	36	20.0%	28	31.1%	4	13.3%	2	6.7%	2	6.7%
	现在	1	6	3.3%	3	3.3%	3	10.0%		0.0%		0.0%
		2	16	8.9%	5	5.6%	11	36.7%		0.0%		0.0%
		3	41	22.8%	20	22.2%	9	30.0%	9	30.0%	3	10.0%
		4	39	21.7%	17	18.9%	5	16.7%	11	36.7%	6	20.0%
		5	78	43.3%	45	50.0%	2	6.7%	10	33.3%	21	70.0%
当发生有损于环境保护的现象时，您的态度是什么？（程度：不闻不问1→积极制止5）	十年前	1	33	18.3%	19	21.1%	3	10.0%	2	6.7%	9	30.0%
		2	52	28.9%	31	34.4%	8	26.7%	8	26.7%	5	16.7%
		3	46	25.6%	10	11.1%	10	33.3%	17	56.7%	9	30.0%
		4	20	11.1%	6	6.7%	7	23.3%	3	10.0%	4	13.3%
		5	29	16.1%	24	26.7%	2	6.7%		0.0%	3	10.0%
	现在	1	3	1.7%	2	2.2%	1	3.3%		0.0%		0.0%
		2	22	12.2%	9	10.0%	11	36.7%	2	6.7%	4	13.3%
		3	39	21.7%	16	17.8%	11	36.7%	8	26.7%	12	40.0%
		4	51	28.3%	21	23.3%	4	13.3%	14	46.7%	14	46.7%
		5	65	36.1%	42	46.7%	3	10.0%	6	20.0%		

续表

项目			频率	百分比	其中: 徐州 频率	百分比	宿迁 频率	百分比	淮安 频率	百分比	江都 频率	百分比
您在日常生活中对循环用水、节约用水的关注程度如何？注程度:从不关注1→非常关注5	十年前	1	28	15.6%	16	17.8%	5	16.7%	1	3.3%	6	20.0%
		2	47	26.1%	36	40.0%	4	13.3%	4	13.3%	3	10.0%
		3	37	20.6%	7	7.8%	10	33.3%	8	26.7%	12	40.0%
		4	31	17.2%	5	5.6%	9	30.0%	10	33.3%	7	23.3%
		5	37	20.6%	26	28.9%	2	6.7%	7	23.3%	2	6.7%
	现在	1	2	1.1%	0	0.0%	2	6.7%		0.0%		0.0%
		2	18	10.0%	11	12.2%	7	23.3%	3	10.0%	4	13.3%
		3	33	18.3%	15	16.7%	11	36.7%	15	50.0%	16	53.3%
		4	55	30.6%	17	18.9%	7	23.3%	12	40.0%	10	33.3%
		5	72	40.0%	47	52.2%	3	10.0%	6	20.0%	15	50.0%
您的生活污水如何排放？(A随地排放，B有管道排放，C管道收集但不处理，D直接排入大家旁边的河道)	十年前	A	39	21.7%	12	13.3%	6	20.0%	6	20.0%	15	50.0%
		B	36	20.0%	10	11.1%	6	20.0%	18	60.0%	2	6.7%
		C	40	22.2%	30	33.3%	6	20.0%	1	3.3%	3	10.0%
		D	65	36.1%	38	42.2%	12	40.0%	5	16.7%	10	33.3%
	现在	A	3	1.7%	1	1.1%	2	6.7%		0.0%		0.0%
		B	30	16.7%	5	5.6%	1	3.3%	16	53.3%	8	26.7%
		C	121	67.2%	67	74.4%	20	66.7%	14	46.7%	20	66.7%
		D	26	14.4%	17	18.9%	7	23.3%		0.0%	2	6.7%

续表

项目		频率	百分比	其中:							
				徐州		宿迁		淮安		江都	
				频率	百分比	频率	百分比	频率	百分比	频率	百分比
十年前	A	22	12.2%	10	11.1%	3	10.0%	5	16.7%	4	13.3%
	B	147	81.7%	77	85.6%	27	90.0%	19	63.3%	24	80.0%
	C	11	6.1%	3	3.3%			6	20.0%	2	6.7%
现在	A	78	43.3%	45	50.0%	3	10.0%	12	40.0%	18	60.0%
	B	86	47.8%	38	42.2%	22	73.3%	18	60.0%	8	26.7%
	C	16	8.9%	7	7.8%	5	16.7%		0.0%	4	13.3%

您是否注意到居住区附近的工厂烟囱冒黑烟、臭气和向河流排污水的情况？（A注意过并向有关部门反映，B注意过但没反映，C周围环境很好或没有企业排污）

注：上表徐州数据中包含新沂和睢宁地区数据。

表 3-8　尾水导出区域居民生活污水排放意识调查结果表

项目			频率	百分比	其中： 徐州		新沂		睢宁		宿迁		淮安		江都	
					频率	百分比	频率	百分比	频率	百分比	频率	百分比	频率	百分比	频率	百分比
是否意识到环境问题的严重性：需进行环境保护的迫切性？（程度：没有感觉1→感觉强烈5）	十年前	1	25	13.9%	1	3.3%	8	26.7%	5	16.7%	1	3.3%	4	13.3%	6	20.0%
		2	56	31.1%	2	6.7%	15	50.0%	16	53.3%	13	43.3%	3	10.0%	7	23.3%
		3	45	25.0%	3	10.0%	5	16.7%	4	13.3%	7	23.3%	15	50.0%	11	36.7%
		4	18	10.0%		0.0%		0.0%	3	10.0%	5	16.7%	6	20.0%	4	13.3%
		5	36	20.0%	24	80.0%	2	6.7%	2	6.7%	4	13.3%	2	6.7%	2	6.7%
	现在	1	6	3.3%		0.0%		0.0%	3	10.0%	3	10.0%		0.0%		0.0%
		2	16	8.9%		0.0%	2	6.7%	3	10.0%	11	36.7%		0.0%		0.0%
		3	41	22.8%	1	3.3%	13	43.3%	6	20.0%	9	30.0%	9	30.0%	3	10.0%
		4	39	21.7%	1	3.3%	4	13.3%	12	40.0%	5	16.7%	11	36.7%	6	20.0%
		5	78	43.3%	28	93.3%	11	36.7%	6	20.0%	2	6.7%	10	33.3%	21	70.0%
当发生有损于环境保护的现象时，您的态度是什么？（程度：不闻不问1→积极制止5）	十年前	1	33	18.3%	1	3.3%	13	43.3%	5	16.7%	3	10.0%	2	6.7%	9	30.0%
		2	52	28.9%	1	3.3%	16	53.3%	14	46.7%	8	26.7%	8	26.7%	5	16.7%
		3	46	25.6%	5	16.7%	1	3.3%	4	13.3%	10	33.3%	17	56.7%	9	30.0%
		4	20	11.1%	1	3.3%		0.0%	5	16.7%	7	23.3%	3	10.0%	4	13.3%
		5	29	16.1%	22	73.3%		0.0%	2	6.7%	2	6.7%		0.0%	3	10.0%
	现在	1	3	1.7%		0.0%		0.0%	2	6.7%	1	3.3%		0.0%		0.0%
		2	22	12.2%	1	3.3%	4	13.3%	5	16.7%	11	36.7%	1	3.3%		0.0%
		3	39	21.7%	3	10.0%	13	43.3%	2	6.7%	11	36.7%	6	20.0%	4	13.3%
		4	51	28.3%		0.0%	7	23.3%	11	36.7%	4	13.3%	17	56.7%	12	40.0%
		5	65	36.1%	26	86.7%	6	20.0%	10	33.3%	3	10.0%	6	20.0%	14	46.7%

续表

项目		频率	百分比	其中:											
				徐州频率	徐州百分比	新沂频率	新沂百分比	睢宁频率	睢宁百分比	宿迁频率	宿迁百分比	淮安频率	淮安百分比	江都频率	江都百分比
您在日常生活中对循环用水、节约用水的关注程度如何？（程度:从不关注1→非常关注5） 十年前	1	28	15.6%		0.0%	5	16.7%	11	36.7%	5	16.7%	1	3.3%	6	20.0%
	2	47	26.1%	2	6.7%	24	80.0%	10	33.3%	4	13.3%	4	13.3%	3	10.0%
	3	37	20.6%	1	3.3%		0.0%	6	20.0%	10	33.3%	8	26.7%	12	40.0%
	4	31	17.2%	3	10.0%		0.0%	2	6.7%	9	30.0%	10	33.3%	7	23.3%
	5	37	20.6%	24	80.0%	1	3.3%	1	3.3%	2	6.7%	7	23.3%	2	6.7%
现在	1	2	1.1%		0.0%		0.0%		0.0%	2	6.7%		0.0%		0.0%
	2	18	10.0%		0.0%	5	16.7%	6	20.0%	7	23.3%		0.0%		0.0%
	3	33	18.3%	2	6.7%	11	36.7%	4	13.3%	11	36.7%	3	10.0%	4	13.3%
	4	55	30.6%	28	93.3%	3	10.0%	12	40.0%	7	23.3%	15	50.0%	16	53.3%
	5	72	40.0%	3	10.0%	11	36.7%	8	26.7%	3	10.0%	12	40.0%	10	33.3%
您的生活污水如何排放？（A随地排放,B有管道收集但不处理,C管道收集且处理,D直接排入家劳边的河道） 十年前	A	39	21.7%	3	10.0%	5	16.7%	4	13.3%	6	20.0%	6	20.0%	15	50.0%
	B	36	20.0%	2	6.7%	4	13.3%	4	13.3%	6	20.0%	18	60.0%	2	6.7%
	C	40	22.2%	23	76.7%	4	13.3%	3	10.0%	6	20.0%	1	3.3%	3	10.0%
	D	65	36.1%	2	6.7%	17	56.7%	19	63.3%	12	40.0%	5	16.7%	10	33.3%
现在	A	3	1.7%		0.0%	1	3.3%		0.0%	2	6.7%		0.0%		0.0%
	B	30	16.7%		0.0%	2	6.7%	3	10.0%	1	3.3%	16	53.3%	8	26.7%
	C	121	67.2%	30	100.0%	27	90.0%	10	33.3%	20	66.7%	14	46.7%	20	66.7%
	D	26	14.4%		0.0%		0.0%	17	56.7%	7	23.3%		0.0%	2	6.7%

续表

项目		频率	百分比	其中:											
				徐州		新沂		睢宁		宿迁		淮安		江都	
				频率	百分比	频率	百分比	频率	百分比	频率	百分比	频率	百分比	频率	百分比
您是否注意到居住区附近的工厂烟囱冒黑烟、臭气和向河流排污水的情况?(A注意过并向有关部门反映.B注意过但没反映.C周围环境很好或没有企业排污)	十年前 A	22	12.2%	1	3.3%	3	10.0%	6	20.0%	3	10.0%	5	16.7%	4	13.3%
	B	147	81.7%	27	90.0%	27	90.0%	23	76.7%	27	90.0%	19	63.3%	24	80.0%
	C	11	6.1%	2	6.7%		0.0%	1	3.3%		0.0%	6	20.0%	2	6.7%
	现在 A	78	43.3%	25	83.3%	11	36.7%	9	30.0%	3	10.0%	12	40.0%	18	60.0%
	B	86	47.8%	2	6.7%	19	63.3%	17	56.7%	22	73.3%	18	60.0%	8	26.7%
	C	16	8.9%	3	10.0%		0.0%	4	13.3%	5	16.7%		0.0%	4	13.3%

根据问卷调查结果,对于"是否意识到环境问题的严重性,需进行环境保护的迫切性"这一问题,居民十年前的选择结果与现在的选择结果存在着一定的差异(程度"1→5"表示从"没有感觉"到"感觉强烈")。在十年前,选择程度为1、2、3的被调查者比重高达70.0%,选择程度4、5的被调查者比重为30.0%;而现在选择程度为1、2、3的被调查者的比重为35.0%,选择程度为4、5的被调查比重为65.0%(见图3-6)。总体而言,尾水导流工程尾水导出区域居民的环境保护意识强烈,能感觉到环境问题的严重性和需进行环境保护的迫切性。

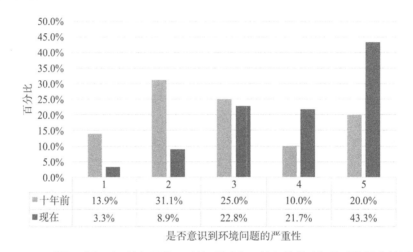

图3-6 "是否意识到环境问题的严重性,需进行环境保护的迫切性?"的调查结果

2. 环境保护态度日益明确

尾水导流工程的实施,使得居民逐渐意识到环境保护的重要性。居民开始意识到,环境破坏是人们不合理地开发、利用自然资源和兴建工程项目而引起的。人们为了追求某种利益,为使自己的利益最大化、过程最简化、时间最迅速,而选择主动放弃对环境的责任。当自然环境难以承受高速工业化、人口剧增和城市化的巨大压力时,就会产生自然灾害。面对破坏环境的行为,居民的环保态度愈发坚定。

对于"当发生有损于环境保护的现象时,您的态度是什么?"这一问题,问卷调查结果显示:在十年前,面对有损环境保护的行为,18.3%的居民选择"不闻不问",16.1%的居民则会"积极制止";而现在,仅有1.7%的居民对于有损环境保护的行为"不闻不问",而"积极制止"者占被调查者的36.1%(程度"1→5"表示从"不闻不问"到"积极制止")。由此可见,尾水导流工程的建设让居民面对损害环境行为的态度愈发明确。

3. 提升循环用水与节约用水意识

居民通过各种渠道,可以获取关于尾水导流工程项目的相关信息。当居民认识到工程的实施可以改善本区域水环境现状、提高生活用水质量时,则更倾向于在日常生活中就从点滴做起,注重水资源的节约使用。

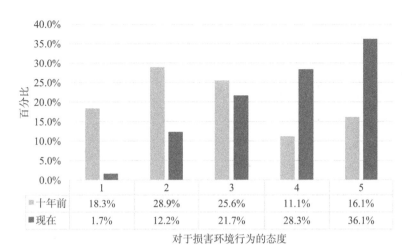

图 3-7 "当发生有损于环境保护的现象时,您的态度是什么?"的调查结果

对于"您在日常生活中对循环用水、节约用水的关注程度如何?"这一问题,41.7%的被调查者表示在十年前对于循环用水和节约用水从不关注或关注减少(选择程度为 1 和 2),剩余 58.3%的被调查者在十年前已经开始关注日常节水问题(选择程度为 3、4、5);而现在,88.9%的被调查者注意循环用水和节约用水。(程度"1→5"表示从"从不关注"到"非常关注"。)

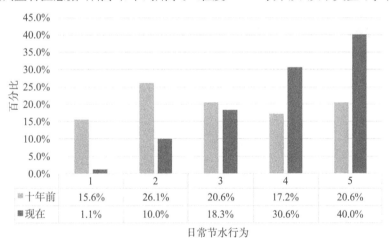

图 3-8 "您在日常生活中对循环用水、节约用水的关注程度如何?"的调查结果

4. 生活污水排放与收集、处理情况增多

环境意识反映的是人们对待一切环境问题以及人类自身与自然环境之间关系的认知水平、态度和价值观取向。尾水导流工程收集尾水导出区域范围内的生活污水和工业废水,居民在日常生活中形成节水意识的同时,也越来越关注生活污水的排放和收集方式。

对于"您的生活污水如何排放?"这一问题,根据对问卷调查结果的分析可知:在十年前,21.7%的居民将生活污水随地排放,20.0%的居民其生活污水由管道进行收集但不进行处理,22.2%的居民反映其生活污水是由管道收集并进行处理,36.1%的居民将生活污水直接排入家附近的河道。而现在,绝大多数居民反映其生活污水通过管道进行收集并且处理,随地排放的情况已明显减少。(A 表示随地排放,B 表示有管道收集但不处理,C 表示管道收集且处理,D 表示直接排入家旁边的河道。)

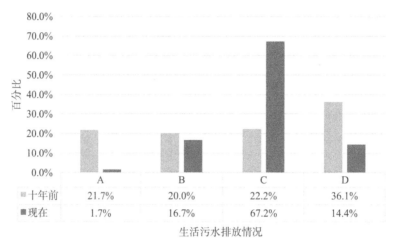

生活污水排放情况	A	B	C	D
十年前	21.7%	20.0%	22.2%	36.1%
现在	1.7%	16.7%	67.2%	14.4%

图 3-9 "您的生活污水如何排放?"的调查结果

5. 密切关注企业排污情况等污染事件

尾水导流工程除了收集居民的生活污水外,还对工业废水进行收集和处理。工业废水对环境的破坏是相当大的,当工业废水直接流入渠道、江河、湖泊污染地表水时,若毒性较大会导致水生动植物的死亡甚至绝迹;工业废水还可能渗透到地下水,污染地下水,进而污染农作物;如果周边居民采用被污染的地表水或地下水作为生活用水,会危害身体健康,重者死亡;工业废水渗入土壤,造成土壤污染,影响植物和土壤中微生物的生长;有些工业废水还带有难闻的恶臭,污染空气。尾水导流工程对导出区域内的工业废水进行了收集和处理,可以在一定程度上降低工业废水可能对居民产生的不利影响。出于对环境的保护和自身权益的维护,居民仍旧持续关注着周边企业污水排放情况。

对于"您是否注意到居住区附近的工厂烟囱冒黑烟、臭气和向河流排污水的情况?"这一问题,根据问卷结果:12.2%的被调查者反映在十年前就注意过并向有关部门反映,81.7%的被调查表示注意过但并未向相关部门反映,6.1%的被调查者认为周围环境很好,没有发现企业排污。而现在,随着居民污水排放意识的增强,越来越多的人关注身边的污染事件,91.9%的被调查者注意过企业排污问题,且有 43.3%的被调查者向相关部门反映过企业排污情况。(A 表示注意过并向有关部门反映,B 表示注意过但没反映,C 表示周围环境很好或没有企业排污。)

(二)对生活垃圾分类意识的影响

垃圾的合理分类不仅有利于避免土壤环境的污染,进而有利于水环境的改善,也有利于可回收资源的再利用。居民开始关注身边环境质量问题,注意自身的行为举止,越

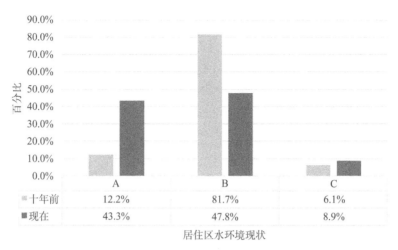

	A	B	C
十年前	12.2%	81.7%	6.1%
现在	43.3%	47.8%	8.9%

居住区水环境现状

图 3-10 "您是否注意到居住区附近的工厂烟囱冒黑烟、臭气和向河流排污水的情况?"调查结果

来越多的居民逐渐形成垃圾分类丢弃的习惯。

为加大对居民生活垃圾的处理力度,政府采取了积极的应对措施。政府一方面大力发展废弃物再利用资源化和无公害化产业;另一方面建立固废交换系统和固废处置系统,推动垃圾处理的资源化利用,提高废弃物回收再利用水平,并极力引导民众对日常生活垃圾进行丢弃分类,在全社会开展垃圾分类的宣传教育。通过加大垃圾处理力度和回收再利用工程的建设,对居民形成生活垃圾分类意识具有重要意义。政府对待生活垃圾处理的重视程度和加快生活垃圾无公害处理的举措,对居民养成生活垃圾分类的习惯起到了积极的作用。

在政府有关部门加大政策和资金扶持力度的同时,媒体和社会各界也为唤起居民垃圾分类环境意识开展了形式多样的宣传教育活动,为居民环境意识的提高付出了努力,同时也取得了明显的效果。在这些环保组织和环保人士对垃圾分类宣传教育的长期影响下,居民生活垃圾分类丢弃的环境意识不断提高。媒体通过对垃圾分类文明行为的报道,以及对垃圾分类必要性和重要性的宣传教育,使居民的相关环境知识得到提高。志愿者们通过向居民发放积极参与垃圾分类倡议书、开展生活垃圾模拟分类有奖趣味游戏等方式呼吁市民采取垃圾分类丢弃,帮助其提高垃圾分类意识。这些由媒体和社会各界环保人士发起的环境保护宣传教育活动,有效地普及了居民的环境保护知识,使民众环境保护意识得到提高。

垃圾分类是指将生活垃圾按可回收利用和不可回收利用的分类方法为其进行分类。居民的日常生活中会产生大量垃圾,如果这些垃圾随意丢弃,会造成自然界中土壤环境和水环境的污染和破坏。由于相关数据难以获取,在假设日常生活垃圾仅受人口数量影响的条件下,根据各市城市垃圾年清运量和城市人口数量,得到各市城镇区域历年人均生活垃圾产出量,如表3-9所示。结合各市历年人均生活垃圾产出情况,可知四市历年人均生活垃圾产出呈上升趋势。

表 3-9　各市历年人均生活垃圾产出情况

	项目	2006 年	2007 年	2008 年	2009 年	2010 年	2011 年	2012 年	2013 年	2014 年
徐州市	生活垃圾清运量(万吨)	56.00	55.00	40.00	40.00	44.00	50.00	52.00	59.00	75.00
	城市人口数(万人)	392.66	398.97	409.83	425.85	456.15	475.18	485.67	498.97	513.04
	人均年生活垃圾产出量	0.143	0.138	0.098	0.094	0.096	0.105	0.107	0.118	0.146
宿迁市	生活垃圾清运量(万吨)	16.00	16.00	16.00	17.00	16.00	16.00	19.00	20.00	25.00
	城市人口数(万人)	158.10	164.03	170.16	178.14	227.88	237.28	244.55	252.35	260.27
	人均年生活垃圾产出量	0.101	0.098	0.094	0.095	0.070	0.067	0.078	0.079	0.096
淮安市	生活垃圾清运量(万吨)	20.00	20.00	21.00	23.00	25.00	38.00	40.00	40.00	38.00
	城市人口数(万人)	188.85	193.56	199.68	207.52	243.87	249.97	256.96	265.77	273.95
	人均年生活垃圾产出量	0.106	0.103	0.105	0.111	0.103	0.152	0.156	0.151	0.139
扬州市	生活垃圾清运量(万吨)	20.00	23.00	26.00	23.00	32.00	43.00	43.00	47.00	49.00
	城市人口数(万人)	219.39	223.88	229.37	237.81	253.09	258.41	262.72	268.09	274.05
	人均年生活垃圾产出量	0.091	0.103	0.113	0.097	0.126	0.166	0.164	0.175	0.179

注:数据来源于历年江苏省统计年鉴。

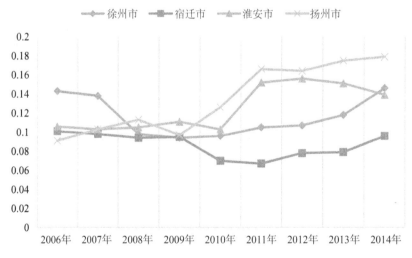

图 3-11　各市历年人均生活垃圾产出情况

　　垃圾处理面临的主要问题之一是清洁工人数量有限,劳动强度大,加之清洁工人文化水平相对较低,致使大多数垃圾进入处理厂后的分类处理工作效率低下。所以,居民对垃圾采取分类丢弃不仅可以减少垃圾处理厂处理垃圾的费用,而且有利于可回收垃圾的回收再利用,使其变废为宝,减少因不合理分类导致的有毒害垃圾对环境和人体的损害。采用问卷调查法对尾水导出区域居民生活垃圾分类意识进行研究,共发放 180 份问卷,整理结果如表 3-10 和 3-11 所示。尾水导流工程对尾水导出区垃圾分类意识影响分析如下:

表 3-10　尾水导出区域居民生活垃圾分类意识调查结果表

项目		频率	百分比	其中：徐州 频率	徐州 百分比	宿迁 频率	宿迁 百分比	淮安 频率	淮安 百分比	江都 频率	江都 百分比
您居住的村（镇）是否实行垃圾分类？（A.垃圾不分类且随意堆放.B.垃圾不分类但有专门部门处理.C.垃圾分类处理）	十年前 A	82	45.6%	30	33.3%	11	36.7%	16	53.3%	25	83.3%
	B	72	40.0%	40	44.4%	13	43.3%	14	46.7%	5	16.7%
	C	26	14.4%	20	22.2%	6	20.0%				
	现在 A	13	7.2%	8	8.9%	2	6.7%			3	10.0%
	B	108	60.0%	60	66.7%	15	50.0%	17	56.7%	16	53.3%
	C	59	32.8%	22	24.4%	13	43.3%	13	43.3%	11	36.7%
小区内实行垃圾分类，您的看法是什么？（A.垃圾分类有助于最终处理.B.对环境保护的创新，有利于生态和谐发展.C.值得推广，需要加强宣传.D.操作起来有难度.E.不是很愿意花时间去细致地分类垃圾.F.垃圾常混在一起，分了也白分）多选	十年前 A	53	22.9%	41	32.0%	4	13.3%			8	16.3%
	B	33	14.3%	22	17.2%	3	10.0%	2	8.3%	6	12.2%
	C	38	16.5%	30	23.4%	3	10.0%			5	10.2%
	D	40	17.3%	14	10.9%	10	33.3%	7	29.2%	9	18.4%
	E	36	15.6%	13	10.2%	3	10.0%	11	45.8%	9	18.4%
	F	31	13.4%	8	6.3%	7	23.3%	4	16.7%	12	24.5%
	现在 A	47	20.4%	32	22.1%	2	9.5%	5	15.2%	8	25.8%
	B	66	28.7%	35	24.1%	8	38.1%	13	39.4%	10	32.3%
	C	80	34.8%	57	39.3%	4	19.0%	9	27.3%	10	32.3%
	D	25	10.9%	19	13.1%	2	9.5%	3	9.1%	1	3.2%
	E	3	1.3%	2	1.4%	1	4.8%				
	F	9	3.9%			4	19.0%	3	9.1%	2	6.5%

注：上表徐州数据中包含新沂和睢宁地区数据。

表 3-11　尾水导出区域居民生活垃圾分类意识调查结果表

项目		频率	百分比	其中:											
				徐州		新沂		睢宁		宿迁		淮安		江都	
				频率	百分比	频率	百分比	频率	百分比	频率	百分比	频率	百分比	频率	百分比
您居住的村(镇)是否实行垃圾分类？(A.垃圾分类且有专门部门处理;B.垃圾不分类随意堆放;C.垃圾不分类处理)	十年前 A	82	45.6%	4	13.3%	15	50.0%	11	36.7%	11	36.7%	16	53.3%	25	83.3%
	B	72	40.0%	7	23.3%	15	50.0%	18	60.0%	13	43.3%	14	46.7%	5	16.7%
	C	26	14.4%	19	63.3%			1	3.3%	6	20.0%				
	现在 A	13	7.2%	4	13.3%	2	6.7%	2	6.7%	2	6.7%			3	10.0%
	B	108	60.0%	24	80.0%	21	70.0%	15	50.0%	15	50.0%	17	56.7%	16	53.3%
	C	59	32.8%	2	6.7%	7	23.3%	13	43.3%	13	43.3%	13	43.3%	11	36.7%
小区内实行垃圾分类,您的看法是什么?(A.垃圾分类有利于最终处理,有利于生态和谐保护的创新,值得推广;B.对环境保护起来有难度;C.不是很愿意花时间去细致地分类垃圾,需要加强宣传;D.操作起来有难度;E.不是很愿意花时间去细致地分类垃圾,分类常混在一起;F.分了也白分)多选	十年前 A	53	22.9%	4	9.1%	20	37.0%	17	56.7%	4	13.3%			8	16.3%
	B	33	14.3%	4	9.1%	11	20.4%	7	23.3%	3	10.0%	2	8.3%	6	12.2%
	C	38	16.5%	24	54.5%	6	11.1%	4	13.3%	3	10.0%			5	10.2%
	D	40	17.3%	5	11.4%	5	9.3%	1	3.3%	10	33.3%	7	29.2%	9	18.4%
	E	36	15.6%	4	9.1%	8	14.8%	1	3.3%	3	10.0%	11	45.8%	9	18.4%
	F	31	13.4%	3	6.8%	4	7.4%	2	6.7%	7	23.3%	4	16.7%	12	24.5%
	现在 A	47	20.4%	10	17.9%	20	33.9%	2	6.7%	2	9.5%	5	15.2%	8	25.8%
	B	66	28.7%	8	14.3%	19	32.2%	8	26.7%	8	38.1%	13	39.4%	10	32.3%
	C	80	34.8%	30	53.6%	19	32.2%	8	26.7%	4	19.0%	9	27.3%	10	32.3%
	D	25	10.9%	8	14.3%	1	1.7%	10	33.3%	2	9.5%	3	9.1%	1	3.2%
	E	3	1.3%					2	6.7%	1	4.8%				
	F	9	3.9%							4	19.0%	3	9.1%	2	6.5%

1. 垃圾分类意识日渐增强

正如前面给出的环境意识的定义所述,环境意识反映的是人们对待一切环境问题以及人类自身与自然环境之间关系的认知水平、态度和价值观取向。尾水导流工程的实施对尾水导出区域居民环境意识的影响,不仅仅体现在居民生活污水排放意识方面,还体现在居民对于日常生活垃圾分类意识方面。

对于"小区内实行垃圾分类,您的看法是什么?"这一问题,当前有20.4%的被调查者认为垃圾分类有助于最终处理;28.7%的被调查者认为垃圾分类是对环境保护的创新,且有利于生态和谐发展,这一比例是十年前的2倍;34.8%的居民认为垃圾分类值得推广,需要加强宣传,这一比例也较十年前有所提高;10.9%的居民认为操作起来有难度,1.3%的居民不是很愿意花时间去细致地分类垃圾,3.9%的居民指出垃圾常混在一起,因而没有分类的必要,这三种态度的比例较十年前明显降低。(A表示垃圾分类有助于最终处理;B表示对环境保护的创新,有利于生态和谐发展;C表示值得推广,需要加强宣传;D表示操作起来有难度;E表示不是很愿意花时间去细致地分类垃圾;F表示垃圾常混在一起,分了也白分。此题为多选题。)

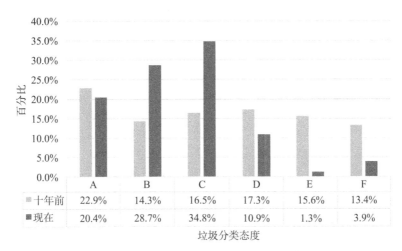

	A	B	C	D	E	F
十年前	22.9%	14.3%	16.5%	17.3%	15.6%	13.4%
现在	20.4%	28.7%	34.8%	10.9%	1.3%	3.9%

垃圾分类态度

图3-12　"小区内实行垃圾分类,您的看法是?"的调查结果

可见,城镇居民环境意识得到提高,一方面,更多的居民养成了垃圾分类丢弃的习惯,这将降低垃圾处理厂进行垃圾再分类的成本;另一方面,居民垃圾分类行为的改变还将减少由于分类不合理导致垃圾处理过程中的环境破坏,且可增加可回收垃圾的再利用效益。

2. 垃圾分类行动逐渐开展

垃圾的合理分类不仅有利于避免土壤环境的污染,进而有利于尾水导出区域水环境的改善,也有利于可回收资源的再利用。尾水导流工程实施后,居民开始关注身边环境质量问题,注意自身的行为举止。对于日常生活垃圾而言,越来越多的居民逐渐形成垃圾分类丢弃的习惯。

对于"您居住的村(镇)是否实行垃圾分类?"这一问题,45.6%的被调查者反映十年前不会对生活垃圾进行分类且随意堆放,40.0%的被调查者反映对生活垃圾不进行分类,但是有专门部门进行处理,14.4%的居民反映对垃圾进行了分类处理。而现在,选择"垃圾不分类且随意堆放"的比例显著下降,选"垃圾不分类但有专门部门处理"及"垃圾分类处理"的比例有所上升。(A 表示垃圾不分类且随意堆放,B 表示垃圾不分类但有专门部门处理,C 表示垃圾分类处理)

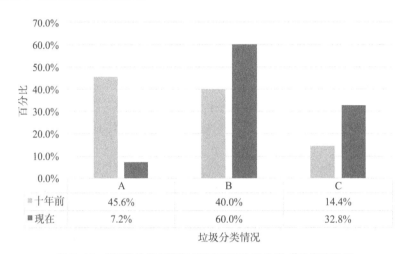

	A	B	C
十年前	45.6%	40.0%	14.4%
现在	7.2%	60.0%	32.8%

垃圾分类情况

图 3-13 "您居住的村(镇)是否实行垃圾分类?"的调查结果

(三)对绿色消费意识的影响

绿色消费意识是体现居民环境保护意识的一个重要指标,它能够反映居民日常生活习惯中对自身环境行为的重视程度。在政府及相关部门相继出台的各项政策法规大力倡导绿色消费的同时,媒体和社会各界也对绿色消费进行了广泛的宣传,使得绿色消费意识逐渐深入民心,得到越来越多居民的支持。

居民绿色消费意识在尾水导流工程实施前后的变化可以反映事件对居民关于绿色食品和绿色消费反思的触动程度。居民绿色消费意识的增强,引导其绿色消费行为的增加,绿色消费的增加一方面有利于减少居民日常生活污水排放中氮磷等营养物质的含量,另一方面有利于减少居民日常生活垃圾中非绿色产品产生的有害物质对环境的影响。采用问卷调查法对尾水导出区域居民绿色消费意识进行研究,共发放 180 份问卷,整理结果如表 3-12 和表 3-13 所示。尾水导流工程对绿色消费意识的影响分析如下:

表3-12　尾水导出区域居民绿色消费意识调查结果表

项目			频率	百分比	其中:							
					徐州 频率	徐州 百分比	宿迁 频率	宿迁 百分比	淮安 频率	淮安 百分比	江都 频率	江都 百分比
您在购物时对商品上的环保标志的关注程度如何？（程度：从不关注1→非常关注5）	十年前	1	54	30.0%	24	26.7%	3	10.0%	17	56.7%	10	33.3%
		2	56	31.1%	27	30.0%	10	33.3%	10	33.3%	9	30.0%
		3	47	26.1%	30	33.3%	9	30.0%	1	3.3%	7	23.3%
		4	14	7.8%	6	6.7%	5	16.7%			3	10.0%
		5	9	5.0%	3	3.3%	3	10.0%	2	6.7%	1	3.3%
	现在	1	8	4.4%	0	0.0%	3	10.0%	5	16.7%		
		2	35	19.4%	12	13.3%	10	33.3%	11	36.7%	2	6.7%
		3	51	28.3%	35	38.9%	5	16.7%	5	16.7%	6	20.0%
		4	50	27.8%	25	27.8%	10	33.3%	4	13.3%	11	36.7%
		5	36	20.0%	18	20.0%	2	6.7%	5	16.7%	11	36.7%
您平时购物会在商店购买塑料袋的频率如何？（程度：从未没有1→经常购买5）	十年前	1	39	21.7%	30	33.3%	1	3.3%			8	26.7%
		2	51	28.3%	29	32.2%	14	46.7%	2	6.7%	6	20.0%
		3	30	16.7%	4	4.4%	10	33.3%	7	23.3%	9	30.0%
		4	19	10.6%	3	3.3%	3	10.0%	9	30.0%	4	13.3%
		5	41	22.8%	24	26.7%	2	6.7%	12	40.0%	3	10.0%
	现在	1	6	3.3%	4	4.4%			1	3.3%	1	3.3%
		2	51	28.3%	12	13.3%	13	43.3%	16	53.3%	10	33.3%
		3	36	20.0%	12	13.3%	10	33.3%	8	26.7%	6	20.0%
		4	41	22.8%	24	26.7%	7	23.3%	1	3.3%	9	30.0%
		5	46	25.6%	38	42.2%			4	13.3%	4	13.3%

续表

项目			频率	百分比	其中: 徐州 频率	徐州 百分比	宿迁 频率	宿迁 百分比	淮安 频率	淮安 百分比	江都 频率	江都 百分比
您使用一次性饭盒的频率如何？（程度：从来不用 1→经常使用 5）	十年前	1	71	39.4%	47	52.2%	6	20.0%	9	30.0%	9	30.0%
		2	50	27.8%	26	28.9%	6	20.0%	14	46.7%	4	13.3%
		3	34	18.9%	6	6.7%	13	43.3%	6	20.0%	9	30.0%
		4	17	9.4%	8	8.9%	4	13.3%	1	3.3%	4	13.3%
		5	8	4.4%	3	3.3%	1	3.3%			4	13.3%
	现在	1	36	20.0%	24	26.7%	3	10.0%	4	13.3%	5	16.7%
		2	64	35.6%	20	22.2%	11	36.7%	22	73.3%	11	36.7%
		3	37	20.6%	19	21.1%	11	36.7%	2	6.7%	5	16.7%
		4	25	13.9%	12	13.3%	4	13.3%	2	6.7%	7	23.3%
		5	18	10.0%	15	16.7%	1	3.3%			2	6.7%
您在购物时购买带有绿色环保标志产品的原因是什么？（A 产品质量好，B 产品有利于健康，C 有利于环保，D 支持企业环保行为）	十年前	A	60	28.6%	30	23.6%	10	32.3%	4	28.6%	16	42.1%
		B	65	31.0%	38	29.9%	8	25.8%	6	42.9%	13	34.2%
		C	65	31.0%	45	35.4%	9	29.0%	4	28.6%	7	18.4%
		D	20	9.5%	14	11.0%	4	12.9%			2	5.3%
	现在	A	56	18.3%	26	15.9%	6	18.2%	9	17.6%	15	25.9%
		B	81	26.5%	35	21.3%	9	27.3%	20	39.2%	17	29.3%
		C	121	39.5%	72	43.9%	12	36.4%	16	31.4%	21	36.2%
		D	48	15.7%	31	18.9%	6	18.2%	6	11.8%	5	8.6%

续表

项目		频率	百分比	其中：							
				徐州		宿迁		淮安		江都	
				频率	百分比	频率	百分比	频率	百分比	频率	百分比
十年前	A	8	28.6%			2	66.7%	4	25.0%	2	25.0%
	B	8	28.6%					4	25.0%	4	50.0%
	C	10	35.7%	1	50.0%			8	50.0%	1	12.5%
	D	2	7.1%	1	50.0%	1	33.3%			1	12.5%
现在	A	2	33.3%	1	100.0%						
	B	2	33.3%					1	50.0%	1	50.0%
	C	2	33.3%					1	50.0%	1	50.0%
	D										

您不购买带有绿色环保标志产品的原因是什么？（A.认为购买环保产品与企业环保行为无关，B.不相信产品宣传，C.有无绿色环保标志不是重要因素，D.产品价格高）

注：上表徐州数据中包含新沂和睢宁地区数据。

表3-13 尾水导出区域居民绿色消费意识调查结果表

其中：（徐州、新沂、睢宁、宿迁、淮安、江都）

项目	序号	频率	百分比	徐州 频率	徐州 百分比	新沂 频率	新沂 百分比	睢宁 频率	睢宁 百分比	宿迁 频率	宿迁 百分比	淮安 频率	淮安 百分比	江都 频率	江都 百分比
您在购物时对商品上的环保标志的关注程度如何？（程度：从不关注1→非常关注5） 十年前	1	54	30.0%	2	6.7%	15	50.0%	7	23.3%	3	10.0%	17	56.7%	10	33.3%
	2	56	31.1%			13	43.3%	14	46.7%	10	33.3%	10	33.3%	9	30.0%
	3	47	26.1%	26	86.7%	2	6.7%	2	6.7%	9	30.0%	1	3.3%	7	23.3%
	4	14	7.8%	1	3.3%			5	16.7%	5	16.7%			3	10.0%
	5	9	5.0%	1	3.3%			2	6.7%	3	10.0%	2	6.7%	1	3.3%
现在	1	8	4.4%					5	16.7%	3	10.0%	5	16.7%		
	2	35	19.4%	21	70.0%	7	23.3%	3	10.0%	10	33.3%	11	36.7%	2	6.7%
	3	51	28.3%	4	13.3%	11	36.7%	14	46.7%	5	16.7%	5	16.7%	6	20.0%
	4	50	27.8%	5	16.7%	7	23.3%	8	26.7%	10	33.3%	4	13.3%	11	36.7%
	5	36	20.0%			5	16.7%			2	6.7%	5	16.7%	11	36.7%
您平时购物会在商店购买塑料袋的频率是如何？（程度：从来没有1→经常购买5） 十年前	1	39	21.7%	2	6.7%	20	66.7%	8	26.7%	1	3.3%			8	26.7%
	2	51	28.3%	3	10.0%	10	33.3%	16	53.3%	14	46.7%	2	6.7%	6	20.0%
	3	30	16.7%					4	13.3%	10	33.3%	7	23.3%	9	30.0%
	4	19	10.6%	2	6.7%			1	3.3%	3	10.0%	9	30.0%	4	13.3%
	5	41	22.8%	23	76.7%			1	3.3%	2	6.7%	12	40.0%	3	10.0%
现在	1	6	3.3%	2	6.7%			2	6.7%			1	3.3%	1	3.3%
	2	51	28.3%	2	6.7%	6	20.0%	4	13.3%	13	43.3%	16	53.3%	10	33.3%
	3	36	20.0%	1	3.3%	6	20.0%	5	16.7%	10	33.3%	8	26.7%	6	20.0%
	4	41	22.8%			13	43.3%	11	36.7%	7	23.3%	1	3.3%	9	30.0%
	5	46	25.6%	25	83.3%	5	16.7%	8	26.7%			4	13.3%	4	13.3%

续表

项目		频率	百分比	其中:												
				徐州		新沂		睢宁		宿迁		淮安		江都	
				频率	百分比	频率	百分比	频率	百分比	频率	百分比	频率	百分比	频率	百分比
您使用一次性饭盒的频率如何？（程度：从未不用1→经常使用5）	十年前 1	71	39.4%	21	70.0%	21	70.0%	5	16.7%	6	20.0%	9	30.0%	9	30.0%
	2	50	27.8%	2	6.7%	8	26.7%	16	53.3%	6	20.0%	14	46.7%	4	13.3%
	3	34	18.9%	1	3.3%	1	3.3%	4	13.3%	13	43.3%	6	20.0%	9	30.0%
	4	17	9.4%	6	20.0%			2	6.7%	4	13.3%	1	3.3%	4	13.3%
	5	8	4.4%					3	10.0%	1	3.3%			4	13.3%
	现在 1	36	20.0%	21	70.0%			3	10.0%	3	10.0%	4	13.3%	5	16.7%
	2	64	35.6%	8	26.7%	10	33.3%	2	6.7%	11	36.7%	22	73.3%	11	36.7%
	3	37	20.6%			13	43.3%	6	20.0%	11	36.7%	2	6.7%	5	16.7%
	4	25	13.9%	1	3.3%	6	20.0%	5	16.7%	4	13.3%	2	6.7%	7	23.3%
	5	18	10.0%			1	3.3%	14	46.7%	1	3.3%			2	6.7%
您在购物时购买常有绿色环保标志产品的原因是什么？（A产品质量好,B产品有利于健康,C有利于环保,D支持企业环保行为）	十年前 A	60	28.6%	4	11.4%	16	25.8%	10	33.3%	10	32.3%	4	28.6%	16	42.1%
	B	65	31.0%	8	22.9%	19	30.6%	11	36.7%	8	25.8%	6	42.9%	13	34.2%
	C	65	31.0%	21	60.0%	15	24.2%	9	30.0%	9	29.0%	4	28.6%	7	18.4%
	D	20	9.5%	2	5.7%	12	19.4%			4	12.9%			2	5.3%
	现在 A	56	18.3%	6	14.3%	20	22.0%	3	9.7%	6	18.2%	9	17.6%	15	25.9%
	B	81	26.5%	7	16.7%	25	27.5%	23	74.2%	9	27.3%	20	39.2%	17	29.3%
	C	121	39.5%	24	57.1%	25	27.5%	5	16.1%	12	36.4%	16	31.4%	21	36.2%
	D	48	15.7%	5	11.9%	21	23.1%			6	18.2%	6	11.8%	5	8.6%

续表

项目		频率	百分比	其中:												
				徐州		新沂		睢宁		宿迁		淮安		江都	
				频率	百分比	频率	百分比	频率	百分比	频率	百分比	频率	百分比	频率	百分比
您不购买带有绿色环保标志产品的原因是什么？（A 认为企业环保宣传.B 不相信产品与信保行为无关.C 有无绿色环保标志不是重要因素.D 产品价格高）	十年前 A	8	28.6%							2	66.7%	4	25.0%	2	25.0%
	B	8	28.6%									4	25.0%	4	50.0%
	C	10	35.7%					1	50.0%			8	50.0%	1	12.5%
	D	2	7.1%			1	100.0%							1	12.5%
	现在 A	2	33.3%					1	50.0%	1	33.3%				
	B	2	33.3%									1	50.0%	1	50.0%
	C	2	33.3%									1	50.0%	1	50.0%
	D														

1. 更加重视与注重购买环境标志产品

(1) 购买绿色环境标志产品的比重上升

根据问卷调查结果,对于"您在购物时对商品上的环保标志的关注程度如何?"这一问题,十年前选择程度为 1、2 的被调查者比重为 61.1%,选择程度为 3、4、5 的比重为 38.9%;而现在选择程度为 3、4、5 的被调查者比重为 76.1%,表明居民越来越关注商品上的环保标志(程度"1→5"表示从"从不关注"到"非常关注")。

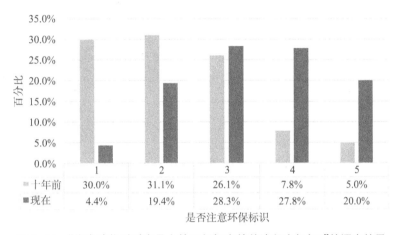

	1	2	3	4	5
十年前	30.0%	31.1%	26.1%	7.8%	5.0%
现在	4.4%	19.4%	28.3%	27.8%	20.0%

是否注意环保标识

图 3-14　"您在购物时对商品上的环保标志的关注程度如何?"的调查结果

(2) 购买环境标志产品的原因集中于有利于环保与支持环保行为

对于"您在购物时购买带有绿色环保标志产品的原因是什么?"这一问题,在十年前 28.6% 的被调查者购买绿色环保产品的理由是产品质量好,31.0% 的居民购买理由为产品有利于健康,31.0% 的居民购买理由为有利于环保,9.5% 的居民支持企业环保行为。而现在,更多的居民购买理由为有利于环保和支持企业环保行为(A 表示产品质量好,B 表示产品有利于健康,C 表示有利于环保,D 表示支持企业环保行为)。

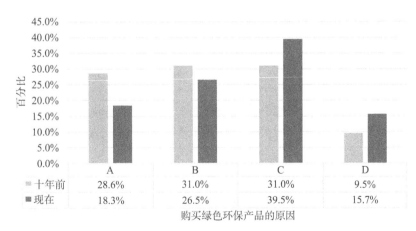

	A	B	C	D
十年前	28.6%	31.0%	31.0%	9.5%
现在	18.3%	26.5%	39.5%	15.7%

购买绿色环保产品的原因

图 3-15　"您在购物时购买带有绿色环保标志产品的原因是什么?"的调查结果

（3）不购买环境标志产品的原因集中于居民对企业的信任度较低

但仍存在着一些居民在购物时不会去购买带有绿色环保标志的产品，针对这一现象也对其进行了问卷调查。对于"您不购买带有绿色环保标志产品的原因是什么？"这一问题，在十年前有 28.6% 的被调查者认为购买环保产品与企业环保行为无关，28.6% 的被调查者不相信产品宣传，35.7% 的被调查者认为有无绿色环保标志不是重要因素，仅 7.1% 的被调查者不购买绿色环保产品的原因是产品价格高。而现在，关于不购买绿色环保产品的原因，前三项理由所占比重相等（A 表示购买环保产品与企业环保行为无关，B 表示不相信产品宣传，C 表示有无绿色环保标志不是重要因素，D 表示产品价格高）。

由此表明，虽然居民环境意识提升，但由于企业的不诚信行为，如过度地进行产品宣传，企业未开展环境保护行为或即使有环保行为但开展力度不足等，都会导致居民对企业的信任度降低，进而不关注绿色环保产品的购买。

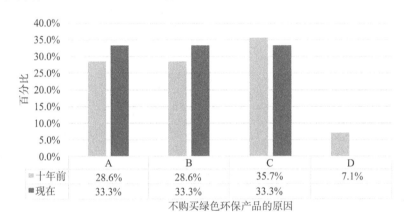

	A	B	C	D
十年前	28.6%	28.6%	35.7%	7.1%
现在	33.3%	33.3%	33.3%	

不购买绿色环保产品的原因

图 3-16　"您不购买带有绿色环保标志产品的原因是什么？"的调查结果

2. 环保购物意识日渐增强

对于"您平时购物会在商店购买塑料袋的频率如何？"这一问题，在十年前 21.7% 的被调查者选择在商店购物时购买塑料袋，而现在仅有 3.3% 的被调查者经常在商店购买塑料袋，可见居民更倾向于商店的环保购物（程度"1→5"表示从"经常购买"到"从来没有"）。

3. 一次性用品使用频率降低

对于"您使用一次性饭盒的频率如何？"这一问题，十年前 39.4% 的被调查者表示经常使用一次性饭盒，而现在这一比例降为 20.0%。根据调查结果可以发现，随着生产生活的发展，居民使用一次性饭盒的频率在十年间呈现下降趋势（程度"1→5"表示从"经常使用"到"从来不用"）。

（四）对环境保护支付意愿的影响

环境保护支付意愿不仅体现居民对环境问题关注的程度，而且是反映居民参与环境保护活动的主动性程度的重要指标。一般而言，环境保护支付意愿越强烈，说明被试者

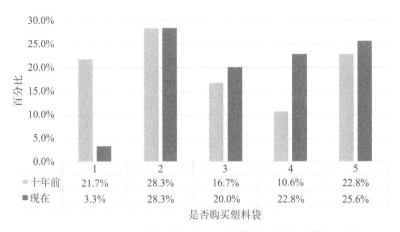

图 3-17　"您平时购物会在商店购买塑料袋的频率如何?"的调查结果

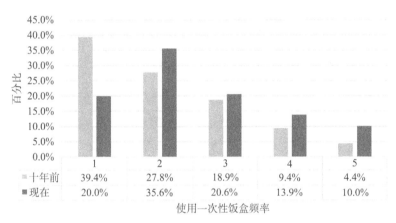

图 3-18　"您使用一次性饭盒的频率如何?"的调查结果

对环境问题的关注程度越高,而且认为其周边环境质量非常恶劣,治理和保护环境非常紧迫,因此参与环境保护活动的意愿也越强烈。

　　根据对调查问卷设置题目"为了保护目前生活的环境,您的家庭愿意支付一些钱吗?"统计导出区域居民是否愿意为保护环境支付一定的费用。在回收的 180 份问卷中,有 63 人表示为了保护目前的生活环境愿意支付一定的费用,占 35.0%;116 人表示不愿意支付相应的金额,占 64.4%;1 人并未作任何表示,占 0.6%。在不愿意支付相应费用的居民中,9 人表示"由于经济负担不起,否则愿意付费";10 人表示"我不相信为保护环境支付费用会有效果";4 人表示"对保护环境不感兴趣";50 人认为"这项支付应该由政府负担,不应该由居民负担";42 人认为"这项支付应该由污染企业负担,不应该由居民负担",1 人选择"其他原因"。问卷统计结果见表 3-14 和表 3-15。

　　由此表明,虽然有三分之一的居民愿意进行环境保护的支付,但更多的居民认为环境保护工作应该由政府和污染企业承担。由此也论证:环境作为公共产品,应遵循从"谁污染谁治理"到"谁拥有谁负担"的原则,在强调"污染者付费"的同时,也要强调"污染者负担",要求企业对污染地域群众健康和生态环境长远"追责",切实实现生态及社会环境的保护。

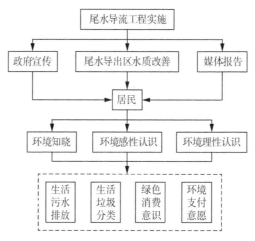

图 3-19　尾水导流工程对尾水导出区域社会影响的机理框图

二、尾水导流工程对尾水导出区域社会环境影响的损益分析

居民环境意识属于人类主观范畴,尾水导流工程对尾水导出区域居民环境意识影响的货币化计量研究必须借助主观意识的外显形式来反映。因此,尾水导流工程对尾水导出区域居民环境意识影响的计量可以转为考虑事件前后居民环境意识变化所引起的环境行为在变化的后果计量。即居民因环境意识变化引起的行为变化对自然环境产生的影响。Ajzen 计划行为模型已充分证明,人们最终的环境行为在极大程度上取决于他们的环境行为意愿,对于这类变化多采用调查评价进行计量分析。

由于环境意识并非每项内容都能找到与之对应的外显性行为,很多行为也是环境意识几个方面内容综合的结果。基于此,对本工程影响城镇居民环境意识的损益分析及货币计量主要从以下几个方面进行。

(一)对生活污水排放意识影响的损益分析

由上文分析可知,尾水导流工程的建设提高了导出区居民的生活污水排放意识,具体体现在:进一步意识到环境保护工作的急迫性与重要性,环境保护态度进一步明确,日渐注重循环用水与节约用水的开展,生活污水集中排放、收集与处理的范围扩大,居民日益关注居住地周边企业排污情况及环境污染情况。

在生活污水排放意识转变过程中,居民、政府及企业将为之付出一定的成本,也会获得一定的收益,具体体现在:

表 3-14　尾水导出区域居民环境保护支付意愿调查结果表

项目	合计		其中: 徐州		宿迁		淮安		江都	
	频率	百分比	频率	百分比	频率	百分比	频率	百分比	频率	百分比
没填	1	0.6%	1	1.1%						
A. 愿意	63	35.0%	30	33.3%	12	40.0%	13	43.3%	8	26.7%
B. 不愿意	116	64.4%	59	65.6%	18	60.0%	17	56.7%	22	73.3%
B(a). 由于经济负担不起,否则愿意付费	9	5.0%	7	7.8%			1	3.3%	1	3.3%
B(b). 我不相信为保护环境支付费用会有效果	10	5.6%	8	8.9%					2	6.7%
B(c). 对保护环境不感兴趣	4	2.2%	4	4.4%						
B(d). 这项支付应由政府负担,不应该由居民负担	50	27.8%	25	27.8%	2	6.7%	7	23.3%	16	53.3%
B(e). 这项支付应由污染企业负担,不应该由居民负担	42	23.3%	14	15.6%	16	53.3%	9	30.0%	3	10.0%
B(f). 其他原因	1	0.6%	1	1.1%						
合计	180	100.0%	90	100.0%	30	100.0%	30	100.0%	30	100.0%

注:上表徐州数据中包含新沂和睢宁地区数据。

表3-15 尾水导出区域居民环境保护支付意愿调查结果表

			其中:											
项目	频率	百分比	徐州		新沂		睢宁		宿迁		淮安		江都	
			频率	百分比	频率	百分比	频率	百分比	频率	百分比	频率	百分比	频率	百分比
没填	1	0.6%					1	3.3%						
A.愿意	63	35.0%	8	26.7%	15	50.0%	7	23.3%	12	40.0%	13	43.3%	8	26.7%
B.不愿意	116	64.4%	22	73.3%	15	50.0%	22	73.3%	18	60.0%	17	56.7%	22	73.3%
B(a).由于经济负担不起,否则愿意付费	9	5.0%			2	6.7%	5	16.7%			1	3.3%	1	3.3%
B(b).我不相信为保护环境支付费用会有效果	10	5.6%			3	10.0%	5	16.7%						
B(c).对保护环境不感兴趣	4	2.2%					4	13.3%					2	6.7%
B(d).这项支付应该由政府负担,不应该由居民负担	50	27.8%	22	73.3%	3	10.0%			2	6.7%	7	23.3%	16	53.3%
B(e).这项支付应该由污染企业负担,不应该由居民负担	42	23.3%			6	20.0%	8	26.7%	16	53.3%	9	30.0%	3	10.0%
B(f).其他原因	1	0.6%			1	3.3%								
合计	180	100.0%	30	100.0%	30	100.0%	30	100.0%	30	100.0%	30	100.0%	30	100.0%

（1）居民用水成本降低。居民循环用水与节约用水意识的提升，有利于居民节约用水，提升用水效率，在节约水资源的同时，减少了居民的水费支出等生活成本。

（2）加大污水收集管网及污水处理厂建设投入。生活污染的收集、处理需要政府投入大量资金进行管网的铺设及污水处理厂的建设，这是生活污水有序排放的基础。

（二）对生活垃圾分类意识影响的损益分析

尾水导流工程的实施，提升了尾水导出区居民生活垃圾分类意识，生活垃圾分类行为逐渐增多。在此过程中，垃圾分类行为产生诸多成本与收益。

（1）垃圾分类行为加大政府投入。垃圾分类的实施，一方面需要政府投入人力、物力进行垃圾分类的宣传与实施工作，需要增加垃圾分类的宣传成本与人工成本；另一方面，垃圾分类工作若由居民实施，则增加居民人工成本。

（2）提升垃圾分类的资源价值与经济价值。垃圾分类的目的就是为了将废弃物进行分流处理，利用现有生产制造能力，回收利用回收品，包括物质利用和能量利用。填埋处置暂时无法利用的无用垃圾，力争物尽其用，提高垃圾的资源价值与经济价值，实现垃圾的无害化处理。居民垃圾分类意识的提升，对于实现垃圾变废为宝，提高其经济价值，实现垃圾的资源化处理和无害化处理，无疑是极为有利的。

（三）对绿色消费意识影响的损益分析

尾水导流工程的建设，提升了尾水导出区居民绿色消费意识。经分析可知，居民更加注重购买带有环保标志的产品，居民环保购物意识日渐增强，对于一次性用品使用频率呈现降低趋势。绿色消费意识的提升，在推动企业研发绿色环保产品的同时，有可能增加居民生活消费成本，降低一次性用品的危害。具体分析如下：

（1）推动企业研发绿色环保产品。随着绿色消费意识的提升，居民日渐重视环保产品的购买，这就要求企业必须开展清洁生产，加大绿色产品的研发与生产投入，以通过国内外各行业绿色环保产品的认证体系的方式，满足国内外市场消费者的需求。

（2）增加居民生活消费成本。由于我国生产技术的局限，绿色产品生产成本相对较高，因此，据市场调研，通过绿色环保产品认证的各项产品，其价格相对高于普通产品。居民从有利于身体健康及支持企业环保行为的角度出发购买绿色环保产品，在一定程度上增加了其生活消费成本。

（3）降低一次性用品的危害。一次性用品包括的种类很多，几乎涉及居民生活的各方面。一次性用品的使用，可能带来环境污染问题、资源浪费问题、卫生问题以及对生产者的危害等。居民降低一次性用品使用频率，有利于减少由于一次性用品的生产、销售、使用和回收、处理过程中带来的各种危害、成本及资源的浪费等。

（四）对环境保护支付意愿影响的损益分析

尾水导流工程的实施，使尾水导出区居民深切感受到此项工程建设带来的生态环境改善，提升了此地区居民对于环境保护工作的支付意愿。其效益主要体现于以下两方面：

（1）提升居民对政府环境保护工作的支持力度。当居民意识到工程建设对生态环境的改善作用时，有利于确保当地居民对政府工作的支持，促进政府后续环境治理工程的开展，以推动当地环境的持续改善。

（2）促进政府及企业环境保护工作的投入。虽然居民环境保护支付意愿有所提升，但环境保护工作应由"拥有者"与"使用者"切实开展。居民环境保护支付意愿的提升，从某种程度了敦促政府及企业加强环境保护工作的投入，促进政府及企业对于环境污染责任的承担。

三、量化方法的选择及计量模型的构建

（一）量化方法分析——意愿调查法

根据影响分析，尾水导流工程对生活污水排放意识及生活垃圾分类意识的影响计量数据难以搜集，对城镇居民绿色消费意识带来的环境效益可以体现在日常生活污水中氮、磷含量的变化上，但生活污水中氮、磷含量的变化同时受企业及居民行为的影响，难以确认与计量。对城镇居民环境保护支付意愿和环境问题反思的影响较为主观，难以找到与之对应的行为变化带来的客观指标，对其影响的计量很大程度上受到数据可得性的限制。

在此综合分析各计量方法与模型，选择意愿调查法计量尾水导流工程对尾水导出区域居民环境意识的影响，即通过对尾水导出区域居民为保护环境愿意支付的金额进行统计，可推算出尾水导流工程对尾水导出区域居民环境意识产生的效益。

为降低意愿调查法本身的局限性对研究结果的影响，在进行问卷调查时应注意：（1）详细向被调查者说明尾水导流工程的相关情况，以降低被调查者出现的理解误差；（2）为避免策略性误差，应强调这是基于被调查者的真实年收入而言的，被调查者应根据自身的真实年收入作出真实的支付意愿；（3）由于支付形式和支付能力是紧密连接在一起的，在某种程度上会影响到个人的支付意愿，故在问卷中应明确其支付形式，从而在一定程度上避免被调查者的虚拟作答。

（二）量化思路及模型构建

通过意愿调查法，可以得到尾水导出区域居民为保护环境的人均支付意愿，再根据

尾水导出区域受影响的人数,则有:

$$L = \frac{1}{n} \sum_{i=1}^{n} w_i \times N \tag{3-1}$$

式中:L 为尾水导流工程影响尾水导出区域居民环境意识的效益;w_i 为被调查的支付意愿;n 为样本人数;N 为尾水导出区域受影响的人数。

四、参数的确定及经济损益的货币化计量

(一)相关参数的确定

第一,本书采用问卷调查方式对尾水导出区域居民为保护目前生活环境的支付意愿进行研究。通过对尾水导出区居民进行随机性匿名问卷调查,调查对象包括农民、工人、学生、行政人员等,且充分考虑到性别、年龄以及经济收入差异等情况,共发放 180 份问卷。针对愿意支付一定金额的居民设置调查问卷题目:"如果上题中选'愿意'的话,那么十年时间按户每月向您家收取除水费以外的额外费用,您愿意支付多少?"来统计确定尾水导出区域居民为保护目前生活的环境愿意支付的具体金额。调查结果如表 3-17 和表 3-18 所示。

第二,影响尾水导出区域居民人口数的确定。根据 2015 年江苏省统计年鉴,结合对尾水导出区域范围的界定,确定徐州市尾水导出区域受影响人口数约为 168.76 万人(主要涉及紫庄镇、大黄山镇、大庙镇、利国镇、涧头集镇、柳新镇、青山泉镇、邳州市),宿迁市受影响人数约为 129.64 万人(主要涉及宿城区、宿豫区),淮安市受影响人数约为 81 万人(主要涉及开发区、清江浦区),江都区受影响人数约为 26.1 万人(主要涉及仙女镇和宜陵镇)。由于新沂尾水导流工程 2014 年 10 月开始试运行,截至 2016 年 6 月尚未环保验收;睢宁尾水导流工程尚未运行,难以界定工程对尾水导出区域带来的效益,为保守起见不再计算新沂和睢宁的社会环境影响效益。

(二)经济损益的货币化计量

根据以上分析可知,尾水导流工程影响尾水导出区域居民人口约为 405.5 万人。为保守计算,对于未填问卷的支付意愿视为零,据此计算出尾水导出区域居民愿意为保护生活环境支付的金额为 634 元,人均 3.52 元/月。

1. 徐州市尾水导流工程对尾水导出区域居民环境意识影响的效益计量

根据以上分析,得到徐州市尾水导流工程影响尾水导出区域居民人口数约为 168.76 万人,结合问卷调查得到的居民为保护生活环境人均支付意愿为 3.52 元/月,计算可得影响徐州市尾水导出区域居民环境意识的效益为 7 132.92 万元/年。

2. 宿迁市尾水导流工程对尾水导出区域居民环境意识影响的效益计量

根据以上分析,得到宿迁市尾水导流工程影响尾水导出区域居民人口数约为129.64万人,结合问卷调查得到的居民为保护生活环境人均支付意愿为3.52元/月,计算可得影响宿迁市尾水导出区域居民环境意识的效益为5 479.45万元/年。

3. 淮安市尾水导流工程对尾水导出区域居民环境意识影响的效益计量

根据以上分析,得到淮安市尾水导流工程影响尾水导出区域居民人口数约为81万人,结合问卷调查得到的居民为保护生活环境人均支付意愿为3.52元/月,计算可得影响淮安市尾水导出区域居民环境意识的效益为3 423.60万元/年。

4. 江都区尾水导流工程对尾水导出区域居民环境意识影响的效益计量

根据以上分析,得到江都区尾水导流工程影响尾水导出区域居民人口数约为26.1万人,结合问卷调查得到的居民为保护生活环境人均支付意愿为3.52元/月,计算可得影响江都区尾水导出区域居民环境意识的效益为1 103.16万元/年。

5. 尾水导流工程对尾水导出区域居民环境意识影响的效益分析

根据上述分析,可知截至2016年6月底,尾水导流工程对尾水导出区域居民环境意识影响的效益合计为89 840.25万元。

表3-16　尾水导流工程对尾水导出区域居民环境意识影响效益合计　　单位:万元

年份	徐州市	宿迁市	淮安市	江都区	合计
2010	—	—	—	1 011.23	1 011.23
2011	5 349.69	1 826.48	3 423.6	1 103.16	11 702.93
2012	7 132.92	5 479.45	3 423.6	1 103.16	17 139.13
2013	7 132.92	5 479.45	3 423.6	1 103.16	17 139.13
2014	7 132.92	5 479.45	3 423.6	1 103.16	17 139.13
2015	7 132.92	5 479.45	3 423.6	1 103.16	17 139.13
2016	3 566.46	2 739.73	1 711.8	551.58	8 569.57
合计	37 447.83	26 484.01	18 829.8	7 078.61	89 840.25

表 3-17　尾水导出区域居民环境保护支付金额调查结果表

选项	频率	百分比	其中：							
			徐州		宿迁		淮安		江都	
			频率	百分比	频率	百分比	频率	百分比	频率	百分比
没填	1	0.6%	1	1.1%						
0元	116	64.4%	59	65.6%	18	60.0%	17	56.7%	22	73.3%
2元	17	9.4%	6	6.7%			9	30.0%	2	6.7%
5元	17	9.4%	13	14.4%	1	3.3%	3	10.0%		
10元	12	6.7%	4	4.4%	1	3.3%	1	3.3%	6	20.0%
15元	7	3.9%	1	1.1%	6	20.0%				
20元	5	2.8%	3	3.3%	2	6.7%				
30元	3	1.7%	2	2.2%	1	3.3%				
50元	2	1.1%	1	1.1%	1	3.3%				
合计	180	100.0%	90	99.9%	30	99.9%	30	100.0%	30	100.0%

注：上表徐州数据中包含新沂和睢宁地区数据。

表3-18 尾水导出区域居民环境保护支付金额调查结果表

选项	频率	百分比	其中：徐州		新沂		睢宁		宿迁		淮安		江都	
			频率	百分比	频率	百分比	频率	百分比	频率	百分比	频率	百分比	频率	百分比
没填	1	0.6%					1	3.3%						
0元	116	64.4%	22	73.3%	15	50.0%	22	73.3%	18	60.0%	17	56.7%	22	73.3%
2元	17	9.4%	1	3.3%	5	16.7%					9	30.0%	2	6.7%
5元	17	9.4%	4	13.3%	6	20.0%	3	10.0%	1	3.3%	3	10.0%		
10元	12	6.7%	1	3.3%	1	3.3%	2	6.7%	1	3.3%	1	3.3%	6	20.0%
15元	7	3.9%	1	3.3%					6	20.0%				
20元	5	2.8%			1	3.3%	2	6.7%	2	6.7%				
30元	3	1.7%	1	3.3%	1	3.3%			1	3.3%				
50元	2	1.1%			1	3.3%			1	3.3%				
合计	180	100.0%	30	99.8%	30	99.9%	30	100.0%	30	99.9%	30	100.0%	30	100.0%

第四章

尾水导流工程对尾水排入区域生态
及社会环境影响损益研究

第一节　尾水排入区域范围的界定

一、徐州市尾水排入区域范围的界定

徐州市尾水导流工程是《南水北调东线工程治污规划》项目之一,也是实现建设南水北调东线清水廊道目标的重要保障。工程将原排入京杭运河的房亭河、京杭运河的老不牢河、中运河邳州段三个控制单元的尾水集中收集并经资源化利用后向东导流排入新沂河后入海。根据《南水北调东线徐州市截污导流工程竣工环境保护验收调查报告》,截至定稿,尾水尚未排入新沂河,也并未进入海域。

二、新沂市尾水排入区域范围的界定

新沂尾水导流工程的任务是使城市污水处理厂、经济开发区污水处理厂和沭东新城区污水处理厂的尾水通过本工程导入新沂河尾水通道顺利入海,保障南水北调调水和南水北调供水区连云港、宿迁、徐州水质安全,改善新沂城区及总沭河王庄闸以上水环境,避免尾水对骆马湖、王庄闸以上总沭河、新墨河的污染。城市和经济开发区污水处理厂至新沂河尾水通道主干线路为:沿新墨河左堤外侧至新墨河口入总沭河,沿总沭河右堤左右侧滩面至响马林后沿邳店西北侧进入新沂河。

三、睢宁县尾水排入区域范围的界定

睢宁县经济开发区污水处理厂尾水沿徐沙河北滩地向西,转至牛鼻河东岸向北,在魏庄大桥北汇入桃岚化工园区污水处理厂尾水,继续向北,沿庆安西干渠西岸,于二堡水库西穿越废黄河,进入邳睢公路与公路边沟之间的滩地向北,在土山镇东穿过邳睢公路、

房亭河进入房亭河北滩,沿房亭河北滩向东,于朝阳南穿房亭河北堤进入丰产大沟南滩地,向东进彭河,最终汇入徐州市截污导流主干线。

四、宿迁市尾水排入区域范围的界定

宿迁市尾水导流工程是国家南水北调东线治污项目之一,旨在解决宿迁运河沿线老城区段尾水排放出路问题,实现该段运河的零排放;工程将城南污水处理厂尾水及运西工业尾水集中收集后,通过压力管道输送至新沂河山东河口处东流入海。

五、淮安市尾水排入区域范围的界定

淮安市尾水导流工程的任务主要有沿大运河、里运河铺设截污干管,收集原排入输水干线的废污水至污水处理厂;清除里运河污染底泥;实施清安河整治,将污水处理厂尾水经清安河排入淮河入海水道,以改善大运河及里运河淮安城区段的水质和水环境。

六、江都区尾水排入区域范围的界定

目前南水北调东线一期工程江都境内有两条输水干线。一条是从长江三江营、沿芒稻河引水,通过江都水利枢纽、高水河向北送入大运河;另一条是通过泰州高港枢纽从长江引水,沿泰州引江河、新通扬运河、三阳河、潼河经宝应站送入大运河。江都区尾水导流工程主要是在江都区城区污水收集处理的基础上,新建尾水提升泵站和尾水输送管道,将尾水输送至长江,以保证南水北调输水干线三阳河段水质。

第二节 尾水导流工程对尾水排入区域生态环境影响分析

一、尾水导流工程对徐州段尾水排入区域生态环境的影响分析

根据《南水北调东线徐州市截污导流工程环境影响报告书》,尾水对河口生态的影响主要表现在水质方面。本导流工程在实施前,新沂河北偏泓排污通道内污水来源主要是沭河下泄的新沂市,山东莒县、莒南县以及临沭县的污废水,污染指标超标严重,污水主要靠自然降解后直接入海。排污通道内高浓度的污水对新沂河沿程生态环境,特别是对入海口近海生态环境的影响非常显著,引发了大面积的紫菜和鱼类死亡事件,给当地的居民和养殖户带来了重大损失。

本导流工程在实施后,对生态环境的影响主要可以从对灌河入海口处海洋生态的影响、对入海口处水产养殖的影响以及对珍稀物种的影响等方面进行分析。

1. 对灌河入海口处海洋生态的影响

根据生态调查的结果,结合区域近海几种生物生殖规律特点看,受污水威胁较大的有蓝点马鲛、黄鲫和中国毛虾。

(1) 蓝点马鲛 4—5 月份进入产卵场,这时正是桃汛或初汛,假设初汛总沭河王庄闸翻闸泄洪,有 50 立方米/秒的污水随洪水下泄,其超标离岸距离约 7 千米,超标混合带处于蓝点马鲛卵区边缘,会对其造成不利影响。

(2) 黄鲫主要在 5 月下旬—7 月中旬进入近岸海区产卵,主要产卵场所是 10 米深左右的沙脊区和河口浅水区。这时初汛期大量高浓度污水下泄,超标混合带出现,可能对该区近海黄鲫鱼存在一定影响,但从大区域看,影响不会太大。

(3) 中国毛虾是灌河口海区优势种,随季节变化(水温)离岸性洄游。主要分布在浮子口—新淮河口 60 千米段浅水区。如果有大量高浓度污水从河口下泄时,在入海口处形成的超标混合段,会对中国毛虾资源造成一定威胁。

2. 对入海口处水产养殖的影响

(1) 对紫菜生产的影响。紫菜为沿海岸浅水区及潮间带自然养殖的海水性植物。根据连云港海区情况,紫菜养殖对海区有机浓度水质变化要求不明显,因此可以认为导流尾水汇入海区后不会对紫菜生产造成较大影响。

(2) 对蟹苗养殖的影响。蟹苗养殖周期为 11 月至次月 5 月底,一般为 11—12 月、3—5 月取水。海水养殖取水季节也是上游大量污水下泄的多发季节,而蟹苗养殖要求水质较清洁,故污水大量下泄会对蟹苗养殖产生较大影响。但海水养殖并非每天每时取水,一般为大潮时集中取水蓄存和沉淀净化。从来污情况看,大量污水下泄的时间、次数有限,与大潮相同的概率就更少,因此,只要适当调控是可以避免的。

3. 对珍稀物种的影响

根据对新沂河沿线进行的踏勘调查,在新沂河沿线无珍稀物种,淮河入海口处,伪虎鲸(国家二级野生保护动物)在 2001 年 5 月 23 日和 2002 年 4 月 15 日、4 月 23 日、7 月 14 日曾群游入灌河,深入约 40 千米的通榆河与灌河的交汇处。伪虎鲸是曾经分布很广泛的世界性深海物种,目前在自然海域已不多见,淡水人工运河中出现海洋鲸鱼群,这在我国极为罕见。但是根据专家鉴定,伪虎鲸进入灌河,是其在觅食中追寻喜食的鲈鱼而随潮水进入,灌河非伪虎鲸的栖息地、产卵场所及洄游通道。本工程的实施不会对其繁衍生息产生不良影响。

根据《南水北调东线徐州市截污导流工程竣工环境保护验收调查报告》,目前尾水尚未排入新沂河,也就没有进入海域,对新沂河和灌河入海口海洋生态及水产养殖均未产生影响。

二、尾水导流工程对新沂段尾水排入区域生态环境的影响分析

根据《南水北调新沂市尾水导流工程环境影响报告书》,新沂市尾水导流工程实施

后,当新沂市尾水通过入河排污口达标排放时,受新沂市污水处理厂尾水影响,在排放口以下新沂河北岸形成岸边污染带。枯水期劣Ⅴ类水污染带宽不超过150米,长不超过3 000米;平水期劣Ⅴ类水污染带宽不超过50米,长不超过2 000米。新沂河口头处尾水混合水质平、枯水期均可达到Ⅴ类水标准,但不能满足地表水功能Ⅳ类水要求。经自然降解,新沂河沭阳闸断面水质在平、枯水期接近Ⅳ类水标准,基本满足地表水功能要求。

三、尾水导流工程对睢宁段尾水排入区域生态环境的影响分析

南水北调运行期,当徐州市截污导流工程在低水位运行时,睢宁县尾水进入徐州导流系统;降雨期间,徐州根据实际情况控制睢宁县尾水导流。徐州市尾水导流系统满负荷运转时,睢宁县尾水导流系统停止工作,尾水排入河道调蓄。

根据《南水北调睢宁县尾水资源化利用及导流工程初步设计报告》,在本工程实施的情况下,预测了新沂河平、枯水期90%保证率下,本导流工程尾水与已建的徐州、宿迁、新沂市截污导流工程尾水污染物贡献的叠加,对受纳水体新沂河的水环境有影响。在新沂河尾水排放口以下河段北岸形成岸边污染带,尾水排放口大马庄西涵洞以下预测河段全断面均达不到地表水功能Ⅳ类水要求。经自然降解,新沂河沭阳闸断面水质平水期可达到Ⅴ类水标准,枯水期水质劣于Ⅴ类水标准。平、枯水期均不能满足地表水功能Ⅳ类水要求。

根据《南水北调东线徐州市截污导流工程竣工环境保护验收调查报告》,由于目前尾水尚未排入新沂河,也就没有进入海域,对新沂河和灌河入海口海洋生态及水产养殖均未产生影响。

四、尾水导流工程对宿迁段尾水排入区域生态环境的影响分析

根据《南水北调东线第一期工程宿迁市尾水导流工程竣工环境保护验收调查报告》可知:

第一,宿迁市尾水导流工程建成后,对新沂河北泓水质影响很小,对入海口水质无影响。

第二,导流的达标尾水对近海生物基本无影响,但现状沭河的污水对入海口附近近海水域的生态环境及海洋渔业资源造成一定的影响。

宿迁市尾水导流工程将城南污水处理厂尾水及运西工业尾水集中收集后,通过压力管道输送至新沂河山东河口处东流入海,污水运输途中基本无污染。

五、尾水导流工程对淮安段尾水排入区域生态环境的影响分析

淮安市尾水导流工程导走的尾水对河口生态的影响主要表现在水质方面。尾水导流工程实施前,根据《江苏省近岸海域环境质量公报(2003年度)》,现状入海水道河口外近岸海域监测点水质不符合所属功能区要求,水质劣于《海水水质标准》(GB 3097—

1997)Ⅳ类标准,主要指标超标的有无机氮、活性磷酸盐、高锰酸盐指数等。根据尾水对河口近海海域水质影响预测模型计算可得,当汛初有 50 立方米/秒、COD 为 40 毫克/升的污水随洪水下泄,其水质劣于《海水水质标准》(GB 3097—1997)Ⅳ类标准的超标混合区达 150 平方千米,超标离岸距离约 10 千米。计算结果与现状淮河入海水道河口外近岸海域监测水质基本符合。

从区域近海几种鱼类繁殖规律特点看,会受污水影响的有黄鲫和银鲳等。黄鲫主要在 5 月下旬—7 月中旬进入近岸海区产卵,主要产卵场所是 10 米深左右的沙脊区和河口浅水区。银鲳每年 5 月上旬以后进入浅水区繁殖,在浅海岩礁、沙滩水深 10～20 米一带河口处产卵。这时,初汛期大量高浓度污水下泄,超标混合带出现,可能对该区近海黄鲫和银鲳鱼存在一定的影响,但从大区域看,影响不会太大。

根据《南水北调东线第一期工程淮安市尾水导流工程环境影响报告书》,导流工程实施后,尾水可能会加重入海水道河口外近岸海域水质污染。进入淮河入海水道的尾水流量以 2.26 立方米/秒计,根据对尾水水质的预测,在海口闸上,达标尾水和不达标尾水的水质分别为 31 毫克/升和 160 毫克/升。当有 2.26 立方米/秒、COD 为 31 毫克/升的尾水流出,其水质劣于《海水水质标准》(GB 3097—1997)Ⅳ类标准的超标混合区面积约 1.5 平方千米,超标离岸距离约 1 000 米;当有 2.26 立方米/秒、COD 为 160 毫克/升的尾水流出,其水质劣于《海水水质标准》(GB 3097—1997)Ⅳ类标准的超标混合区面积约 40 平方千米,超标离岸距离约 5 000 米。

从上述计算可知,2.26 立方米/秒的达标排放尾水对近海水质几乎无影响,也不会对河口及近海的生态环境产生不利影响;而超标排放的尾水会对很大面积的近海水质造成不利影响,会对河口及近海的生态环境产生不利影响。

在非行洪期,导入的尾水水量相比现状增加不多,对海洋的水文、气象及地形不会有影响。综上,淮安市尾水导流工程实施后,达标排放的尾水对河口及近海的生态环境基本无影响。

六、尾水导流工程对江都段尾水排入区域生态环境的影响分析

根据《南水北调东线第一期工程江都区截污导流工程环境影响报告书》,本项目排放的废水主要污染物质为 COD、BOD、SS、氨氮、总磷,不含有机毒物及重金属等物质。同时,本项目采用二级生化处理交替式氧化沟工艺处理废水,废水经处理达到《城镇污水处理厂污染物排放标准》(GB 18918—2002)一级标准 B 标准后,通过压力管道输送排放至江滩。在岸边会形成污染带,主要对排放口附近的鱼类产生影响,一是失去部分岸边栖息地,二是失去部分饵料资源。但是鱼类的避让能力较强,岸边污染带对鱼类的影响是间接的,也是很小的。

根据该报告书中对运行期内地表水环境影响的预测,尾水受纳水域位于该河段北槽,水深较大,为水流的主槽——涨、落潮时主流主要分布于长江北槽,对污染物的稀释

能力较强,在排放口附近形成的污染带范围较小。而且尾水经过江滩湿地后排入长江,湿地的净化处理作用会进一步削减污染物,降低入江污染物的浓度,岸边污染带范围会更小。因此,该项目污水排放对该长江段水生生态环境影响较小。

污水处理厂尾水排入江滩湿地后,能够为江滩湿地的生物带来丰富的营养物质,促进微生物的生长,提高其削减污染物的能力,同时可以改善江滩的生态环境,吸引更多的水禽前来落户。

第三节 尾水导流工程对尾水排入区域社会环境影响分析及货币化计量

一、尾水导流工程对尾水排入区域社会环境影响分析

(一) 影响居民生活质量

生活质量是建立在一定的物质条件基础之上,社会提供给居民生活条件的充分程度和居民生活需求的满足程度,以及居民对自身及其自身所处生存环境的认同感。居民生活质量体现在很多方面,如居民收入水平、住房面积、经济地位、工作环境、工作强度、工作安全性、与同事的关系、对休闲生活的评价、获得的社会支持程度、个人的身体健康状况、个人精神状态、交通情况、医疗服务、消费状况、公共服务、社会治安、文化娱乐等等。

可见,生活质量是在"一定的社会生产条件下"前提下定义的,在不同社会发展阶段,社会为居民提供的物质生活条件不同,不同社会居民的生活质量也因此而不同。调研发现,尾水导流工程实施对尾水排入区居民生活质量的影响表现在影响居民生活质量、影响居民休闲生活、影响周边水环境质量和影响周边饮用水卫生四个方面。

1. 居民生活环境负面影响较小

尾水导流工程的实施在一定时间和范围内会给尾水排入区居民的生产生活带来一定的影响,但可通过一定的措施来避免或减少负面影响。根据问卷调查,对于"尾水导流工程实施后,您生活环境是否有所改变?"这一问题,有45.52%的被调查者认为生活环境得到了有效改善,生活环境变得更好;仅有5.52%的被调查者认为工程的实施导致了生活环境变得糟糕。大多数居民能明显感觉到生活环境正在逐渐改善(程度"1→5"表示从"变得更差"到"变得更好"),见图4-1。

2. 居民休闲生活质量受影响程度较小

对于"您认为尾水导流工程的实施对您的休闲生活的影响程度如何?"这一问题,大多数居民认为工程的实施并没有影响自己的休闲生活,这一比重占被调查者的53.10%,这说明本工程对居民休闲生活的影响较小(程度"1→5"表示从"没有影响"到"很严重"),见图4-2。

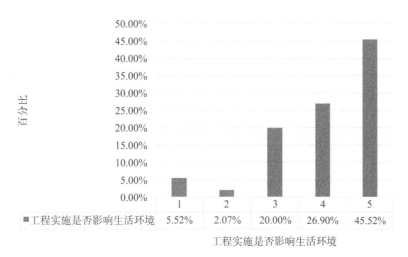

图 4-1　"尾水导流工程实施后,您生活环境是否有所改变?"的调查结果

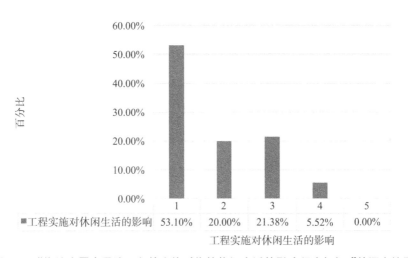

图 4-2　"您认为尾水导流工程的实施对您的休闲生活的影响程度如何?"的调查结果

3. 工程周边水环境质量改善

对于"尾水导流工程的实施对您周边的水环境质量的影响程度如何?"这一问题,78.31%的被调查者表示工程的实施对于周围的水环境质量具有较为正面或是正面影响。(程度"1→5"表示从"负面影响"到"正面影响"),见图 4-3。

4. 饮用水卫生环境部分受影响

对于"尾水导流工程的实施对您周边的饮用水卫生的影响程度如何?"这一问题,77.25%的被调查者表示工程的实施对于周边的饮用水卫生有较为正面或是正面的影响,且仅有 1.38%的被调查者表示工程会对周边饮用水卫生有一些负面影响,但是影响程度并不大(程度"1→5"表示从"负面影响"到"正面影响"),见图 4-4。

对于"尾水导流工程的实施后,您是否增加了生活用水的花费?"这一问题,55.86%的被

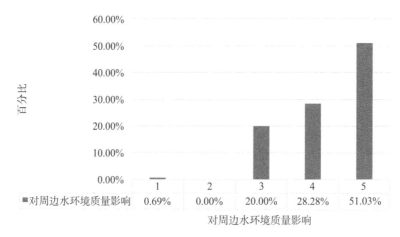

图 4-3 "尾水导流工程的实施对您周边的水环境质量的影响程度如何?"的调查结果

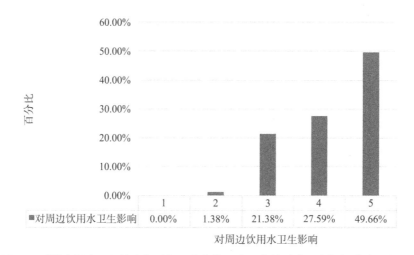

图 4-4 "尾水导流工程的实施对您周边的饮用水卫生的影响程度如何?"的调查结果

调查者表示在工程实施后并没有增加生活用水的花费,仅有 6.21% 的被调查者增加了较多的生活用水花费。这同样也反映出工程的实施对居民生活用水的影响较小,大多数人并未增加生活用水的花费(程度"1→5"表示从"没有增加"到"增加很多"),见图 4-5。

对于"尾水导流工程的实施后,您是否增加了购买净水设备的花费?"这一问题,60.0% 的被调查者表示在工程实施后并未增加购买净水设备,仅有 3.45% 的被调查者增加了净水设备的花费,这表明工程达标尾水的排放对于排入区域居民生活用水质量的影响较小(程度"1→5"表示从"没有增加"到"增加很多"),见图 4-6。

根据问卷调查结果,对于"您认为政府是否有必要加大环境治理的投入?"这一问题,绝大多数被调查者认为有必要加大环境治理的投入,且这一比例高达 71.33%。这说明环境问题已经成为社会关注的主要问题,政府必须加大环境治理的力度,增加环境治理投入(程度"1→5"表示从"没必要"到"有必要"),见图 4-7。

图 4-8 则为尾水导流工程对尾水排入区居民生活质量影响的机理框图。

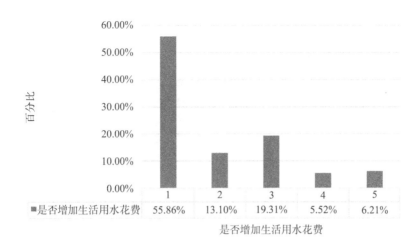

图4-5　"尾水导流工程的实施后,您是否增加了生活用水的花费?"的调查结果

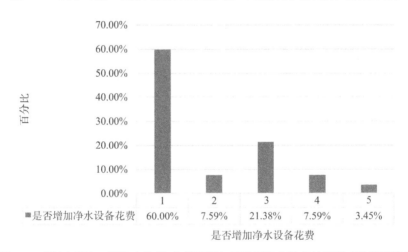

图4-6　"尾水导流工程的实施后,您是否增加了购买净水设备的花费?"的调查结果

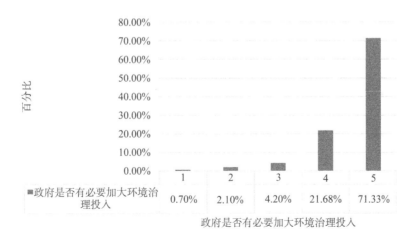

图4-7　"您认为政府是否有必要加大环境治理的投入?"的调查结果

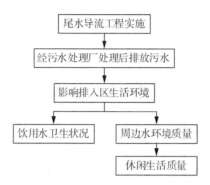

图 4-8　尾水导流工程对尾水排入区居民生活质量影响的机理框图

（二）居民身体健康受工程影响程度弱

身体健康与否是衡量居民生活质量高低的重要指标。当居民饮用水受到污染时，会直接影响居民的身体健康；不达标排放的污水会影响尾水排入区的水质，从而影响水产品及农产品的质量，居民长期食用这些产品将会对身体健康产生不利影响。

根据问卷调查结果，针对"尾水导流工程实施前，您的身体健康状况如何？"这一问题，尾水导出区域的大多数居民表示在工程实施前身体状况良好，其中选择程度 4 和 5 的占 84.33%（程度"1→5"表示从"很不好"到"很好"），见图 4-9。

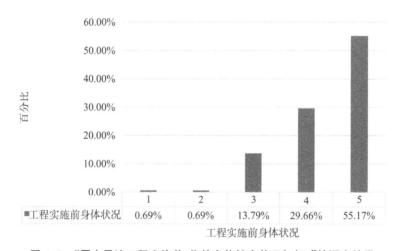

	1	2	3	4	5
■工程实施前身体状况	0.69%	0.69%	13.79%	29.66%	55.17%

工程实施前身体状况

图 4-9　"尾水导流工程实施前，您的身体健康状况如何？"的调查结果

对于"尾水导流工程的实施对您的身体健康的影响程度如何？"这一问题，42.07%的被调查者表示没有影响，7.59%的被调查者表示身体健康受到工程实施的影响（程度"1→5"表示从"没有影响"到"有影响"），见图 4-10。

图 4-11 则为尾水导流工程对尾水排入区居民身体健康影响的机理框图。

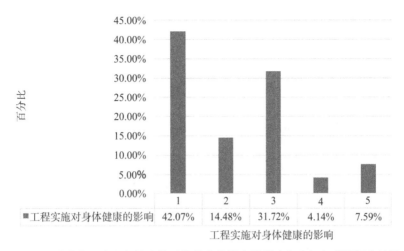

图 4-10　"尾水导流工程的实施对您的身体健康的影响程度如何?"的调查结果

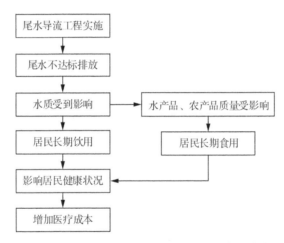

图 4-11　尾水导流工程对尾水排入区居民身体健康影响的机理框图

(三) 影响居民环境意识

对于尾水排入区域的居民而言,他们会更加关注环境问题。加之政府治理措施的实施及环保知识的宣传,居民的环境意识会得到较大幅度提升,在其自身能力范围内考虑为环境保护工作而努力。

1. 政府及时发布信息

环境意识较高的居民对于政府发布的信息较为敏感。对于"关于尾水导流工程的实施,当地政府发布信息的及时程度如何?"这一问题,48.61%的被调查者认为当地政府能够非常及时地发布信息,27.08%的被调查者认为当地政府能较及时地发布信息,只有2.78%的被调查者认为信息发布不及时(程度"1→5"表示从"不及时"到"非常及时"),见

图 4-12。

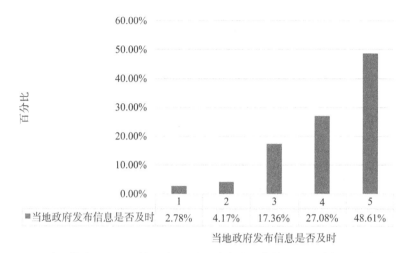

图 4-12 "关于尾水导流工程的实施,当地政府发布信息的及时程度如何?"的调查结果

2. 居民可充分获取环境信息

此外,能否获取较为充分的信息也会影响到居民的环境意识。对于"关于尾水导流工程的实施,您所获得的信息能满足需要吗?"这一问题,46.21%的被调查者认为能够获取足够的信息,仅有 0.69% 的被调查者不能获取足够的信息来满足其需要(程度"1→5"表示从"不能满足"到"能满足"),见图 4-13。

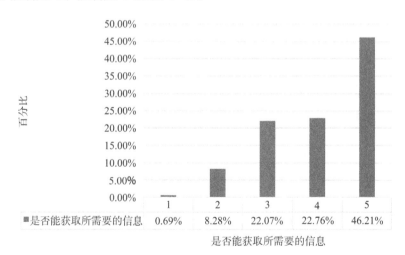

图 4-13 "关于尾水导流工程的实施,您所获得的信息能满足需要吗?"的调查结果

3. 更加积极主动反映有关水环境信息

一般情况下,环境意识较高的居民会更愿意去积极主动反映水环境状况。针对"工程实施前,您是否会积极主动地反映有关水环境的信息?"这一问题,75.18%的被调查者表示会积极反映水环境信息(选择程度为 3、4、5),11.72% 的被调查者表示并不会去主动反映水环境信息(程度"1→5"表示从"不积极"到"非常积极"),见图 4-14。

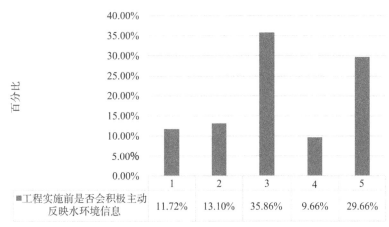

工程实施前是否会积极主动反映水环境信息

	1	2	3	4	5
工程实施前是否会积极主动反映水环境信息	11.72%	13.10%	35.86%	9.66%	29.66%

图 4-14　"工程实施前,您是否会积极主动地反映有关水环境的信息?"的调查结果

在工程实施后,更多的居民愿意去积极反映水环境信息,选择程度为 3、4、5 的被调查者高达 97.24%。这说明尾水导流工程的实施,使得尾水导出区域的居民更加关注并反映水环境信息(程度"1→5"表示从"不积极"到"非常积极"),见图 4-15。

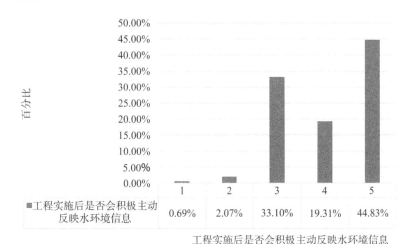

工程实施后是否会积极主动反映水环境信息

	1	2	3	4	5
工程实施后是否会积极主动反映水环境信息	0.69%	2.07%	33.10%	19.31%	44.83%

图 4-15　"工程实施后,您是否会积极主动地反映有关水环境的信息?"的调查结果

4. 居民对水污染了解程度日趋加深

此外,工程的实施也会影响居民对水污染问题的认知。在工程实施前,居民可能并未在意周边的水污染;当工程实施后,居民逐渐意识到水环境污染的危害,并尝试通过各种途径去了解水污染知识。对于"尾水导流工程的实施,您对水污染知识了解程度的变化"这一问题,48.28%的被调查者表示自己对水污染知识了解程度变化很大,33.79%的被调查者对水污染知识的了解程度发生了较大的变化(程度"1→5"表示从"毫无变化"到

"变化很大"),见图 4-16。

图 4-17 所示为尾水导流工程对尾水排入区居民环境意识影响的机理框图。

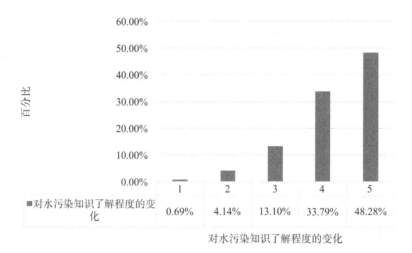

	1	2	3	4	5
■对水污染知识了解程度的变化	0.69%	4.14%	13.10%	33.79%	48.28%

对水污染知识了解程度的变化

图 4-16 "尾水导流工程的实施,您对水污染知识了解程度的变化"的调查结果

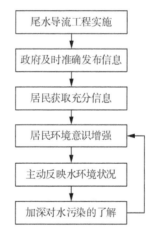

图 4-17 尾水导流工程对尾水排入区居民环境意识影响的机理框图

(四)影响居民心理

尾水导流工程对尾水排入区域产生较大社会影响,其中对于居民心理的影响最为显著。随着工程的实施,居民对于水环境污染方面的信息了解得越来越多,当他们意识到水环境污染的危害时,其心理也会发生一系列的变化。

根据问卷调查统计,相比于工程实施前,在工程实施后居民对水环境污染等方面的信息了解的程度发生较大改变。对于"尾水导流工程实施前,您对水环境污染等方面的信息了解程度"这一问题,15.86%的被调查者表示几乎不了解水环境污染等方面的信息

（选择程度1）。而在工程实施后，仅有0.69%的被调查者选择程度1（程度"1→5"表示从"几乎没有了解"到"非常了解"），见图4-18、图4-19。

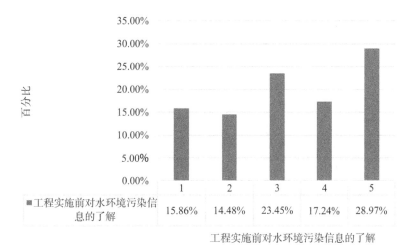

工程实施前对水环境污染信息的了解

	1	2	3	4	5
	15.86%	14.48%	23.45%	17.24%	28.97%

图4-18　"尾水导流工程实施前，您对水环境污染等方面的信息了解程度如何?"的调查结果

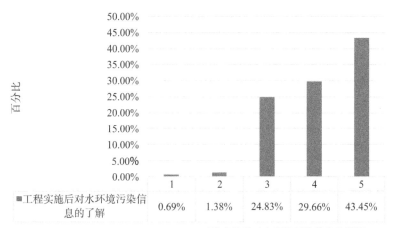

工程实施后对水环境污染信息的了解

	1	2	3	4	5
	0.69%	1.38%	24.83%	29.66%	43.45%

图4-19　"尾水导流工程实施后，您对水环境污染等方面的信息了解程度如何?"的调查结果

安全感是对可能出现的对身体或心理的危险或风险的预感，以及个体在应对处事时的有力、无力感，主要表现为确定感和可控感。环境安全感是指对环境是否安全的一种感受，具体指人们对所在地环境安全（包括空气、水等方面）与否认识的整体反映，是由社会中个体的安全感来体现的。居民的环境安全感可以反映尾水排入区居民心理的真实变化情况。对于"关于尾水导流工程的实施，您的环境安全感受影响程度如何?"这一问题，46.90%的被调查者表示工程的实施并未影响到他们的环境安全感，53.1%的被调查者表示工程的实施在一定程度影响到他们的环境安全感（程度"1→5"表示从"没有影响"到"很严重"），见图4-20。

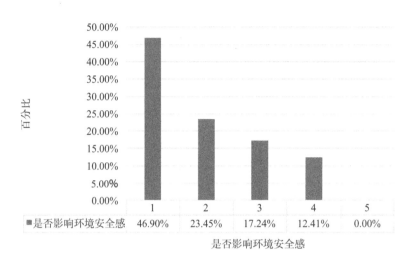

图 4-20　"关于尾水导流工程的实施,您的环境安全感受影响程度如何?"的调查结果

从心理学角度进行分析,心理学家认为人们对危机的心理反应通常经历四个不同的阶段。首先是冲击期,出现在危机事件发生后不久或当时,感到震惊、恐惧、不知所措,于是产生了恐惧心理。其次是防御期,表现为人们想恢复心理上的平衡,控制焦虑和情绪紊乱,恢复受到损害的认识功能。再次是解决期,积极采取各种方法接受现实,寻求各种资源,努力设法解决问题,减轻焦虑,增加自信,恢复社会功能。危机给人们带来了多种负面情绪,主要包括恐惧、焦虑不安、紧张等等。这种负面情绪在危机后期还将延续一段时间。将来即使危机真正过去了,它在人们心理的阴影也不会立即消失,这种遗留的各种心理问题是必然的。最后是成长期,经历了危机的人们变得更成熟,并获得了应对危机的技巧。但也有人因消极应对而出现种种心理不健康的行为。

1. 居民存在不同程度的恐惧心理

恐惧是指公众乃至一般社会大众在社会危机状态下,面对现实的或想象的威胁所作出的不合作与不合理的心理及行为反应,它可能源于耸人听闻的流言或传闻,也可能受制于文化因素。

就尾水导流工程来说,事件发生的初期,当地居民也表现出恐惧心理,具体表现为:①担心。当看到排放的尾水时,居民的脑子里充满了疑问,此时居民开始担心排入区的水产品是否能食用,之前食用的鱼类是否会对身体产生影响。②害怕。尾水排入区的水质可能受到影响,从而对区域生态环境产生影响,居民感到自己的生活受到严重影响,生存受到威胁。③缺乏安全感。尾水排入区域的生态环境受到影响,水产品的质量不能得到保证,自己及家人的日常生活受到严重威胁,没有安全感。④恐惧。面对饮食问题,居民身体上的不适加重了心理的负面情绪。

对于尾水排入区域的居民来说,由于今后的生活质量将受到一定的影响,居民通过初级评价认识到该事件的严重性,担心水产品是否能正常食用,严重影响当地居民日常的生产和生活;再通过次级评价,感觉凭借一己之力根本无法解决,产生了面对环境危机的无力感和无助感,从而产生了恐惧感。根据调研数据显示,有 50.3% 的被调查者感到恐惧,49.7% 的被调查者表示一点也不恐惧(程度"1→5"表示从"不恐惧"到"非常恐惧"),见图 4-21。

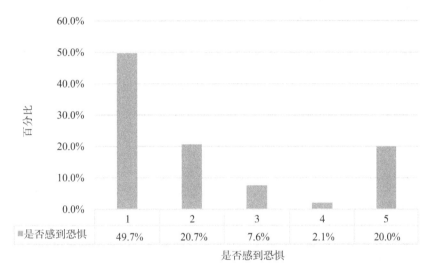

是否感到恐惧	1	2	3	4	5
	49.7%	20.7%	7.6%	2.1%	20.0%

是否感到恐惧

图 4-21　"对于尾水导流工程的实施,您是否感到恐惧?"的调查结果

2. 半数居民存在焦虑心理

焦虑是人们预料要发生某种不良后果时的一种着急、担心的情绪。焦虑心理主要表现为经常提心吊胆,出现不安的预感,高度的警觉状态,且容易冲动。适当的焦虑可以唤起人们的警觉,提高人们的认识能力;然而,过度的焦虑则会造成注意力不集中、记忆力下降、精力不足、失眠、神经衰弱、经常头疼头晕、食欲不振等,影响学习和工作,甚至影响人的健康。

在尾水导流工程建设前后,居民除了具有恐惧心理之外,也存在焦虑心理。区域环境质量的改变影响居民日常生产和生活,民众产生着急、担心的情绪。老百姓意识到工程对自己及后辈可能产生久远的影响,而人们的生活与区域环境质量息息相关,因此居民焦虑心理加重。根据调研数据显示,47.6% 的被调查者表示不焦虑,而 52.4% 的被调查者感到一定程度的焦虑(程度"1→5"表示从"不焦虑"到"非常焦虑"),见图 4-22。

3. 居民具有一定紧张心理

紧张是机体在外界刺激作用下,为适应环境所作出的一种反应状态。它是人体在精神及肉体两方面对外界事物反应的加强。紧张所引起的生理反应表现为血压升高、心率加快等,它亦可引起有害的个人行为,如过量吸烟、酗酒、频繁就医、依赖药物、怠工、缺勤、不愿参加集体活动等。普通的紧张都是暂时性的,而突发性的紧张是一种恐惧感。适度的紧张,有利于刺激兴奋,但是过度紧张则会导致行为失常。

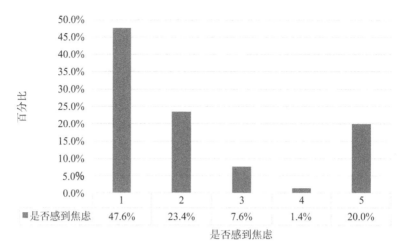

图 4-22 "对于尾水导流工程的实施,您是否感到焦虑?"的调查结果

人们在面对突发公共事件的严重性、破坏性和巨大的冲击力时,首要的反应就是极度的心理紧张。根据马斯洛的需求层次理论,安全感被看作是人的一切需要中最基本的生存需要。安全感是对可能出现的对身体或心理的危险或风险的预感,以及个体在应对处置时的有力或无力感,主要表现为确定感和可控制感。当获得安全感的需要得不到满足或受到威胁的时候,人的心理就会失去平衡,表现出紧张和恐惧心理。当尾水导流工程实施时,面对水质变差的事实,当地居民感到自身的生产、生活受到威胁,饮食安全乃至生命安全受到挑战,因此产生了紧张的情绪。根据调研结果显示,49.0%的被调查者表示不紧张,51.0%的被调查者感到紧张(程度"1→5"表示从"不紧张"到"非常紧张"),见图 4-23。

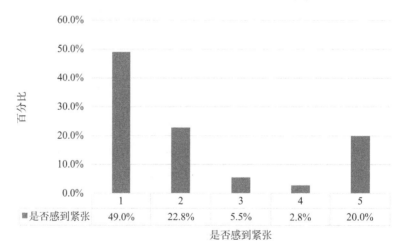

图 4-23 "对于尾水导流工程的实施,您是否感到紧张?"的调查结果

此外,根据设置题目"对于尾水导流工程的实施,周围人群的紧张情绪是否对您有影响",来调查受周围人群紧张影响的程度。调研结果显示,51.7%的被调查者容易受到周围人群紧张情绪的影响(程度"1→5"表示从"没有影响"到"影响很大"),见图 4-24。

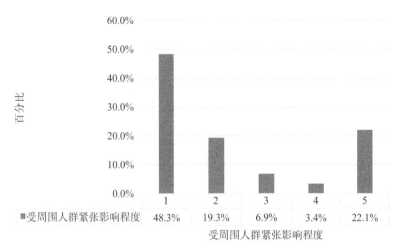

图 4-24 "对于尾水导流工程的实施,周围人群的紧张情绪是否对您有影响?"的调查结果

4. 部分居民存在抑郁情绪

抑郁是挫折反映的内向型情绪状态,其特点为悲观、苦闷、沉默、孤独、冷漠,存在时间长。产生抑郁情绪状态的主体一般是内向型性格的人,他们在遭受人生挫折后,不是积极调整与外界的关系,而是退缩,回避矛盾,退缩到个人孤独的主观世界中。其外部表现为忧心忡忡、失眠、备感疲倦,精神不能集中,孤僻不合群。

社会心理学认为,人们在社会生活中会逐渐建立起自己的危机应对系统,这就是"社会支持系统"。社会支持网络一般由家人、亲属、战友、同事、同学、朋友构成,为人们提供亲情、物质和信息上的支持,分担困苦和共渡难关。当突发事件出现后,每个人都与整个社会息息相关,一方面,人们通过社会支持网络寻求帮助,进行倾诉和情绪宣泄;另一方面,人们意识到自身依赖的人际支持系统已经不足以抵御灾害,自己的社会支持系统必须扩大。此时,获得来自组织和外界的救助显得非常重要。因此,面对在尾水导流工程实施时出现的少部分抑郁的人群,需要社会关爱。根据调研数据显示,49.7%的被调查者表示情绪一点也不压抑,50.3%的被调查者感到情绪压抑(程度"1→5"表示从"不压抑"到"非常压抑"),见图 4-25。

5. 工程影响部分居民睡眠质量

影响睡眠质量的因素多种多样,精神及心理压力是其中一个重要因素。尾水导流工程对排入区域生态环境产生影响,从而影响了居民的日常生活。除了给尾水排入区的居民带来生活上的困扰,在精神上也带来无形的压力和恐惧,严重影响了周边居民的日常生活。居民普遍存在恐惧、忧虑的心理,担心区域水环境会影响身体健康。尤其是居民中存在部分人会因为这种恐惧、忧虑而产生过大的精神压力,从而影响睡眠质量,进而影响其生活质量。

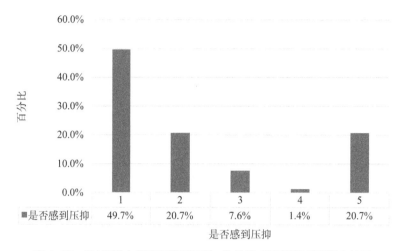

图 4-25 "对于尾水导流工程的实施,您是否感到压抑?"的调查结果

根据社会心理学的相关研究表明,睡眠作为临床上衡量健康水平的一项基本指标,与生理和心理功能有密切关系。睡眠与心理健康或许存在互为因果的关系。睡眠行为模式的不同在觉醒期间可能表现为心理和行为的差异。睡眠质量的好坏,与个人性格特点及心理健康水平有着密切的关系。一般来说,睡眠质量越好的个体,越自信、乐观,情绪越稳定,心理健康水平越好,焦虑性、敏感性、紧张性越低。心理状态是影响居民生活质量的重要因素,睡眠质量在某种程度上也会影响居民的生活质量。尾水导流工程的实施对居民造成的心理困扰,必定会对居民的睡眠质量产生或多或少的影响,从而间接威胁到居民的生活质量。根据调研数据,51.0%的被调查者表示没有影响,而49.0%的被调查者感到睡眠质量受到一定程度的影响(程度"1→5"表示从"没有影响"到"极度恶化"),见图4-26。

图 4-27 为尾水导流工程对尾水排入区居民心理影响的机理框图。

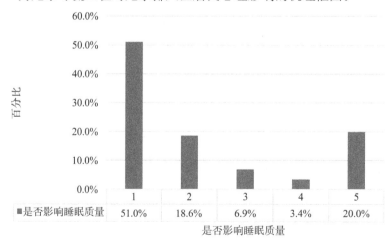

图 4-26 "尾水导流工程的实施,是否使您的睡眠受到影响?"的调查结果

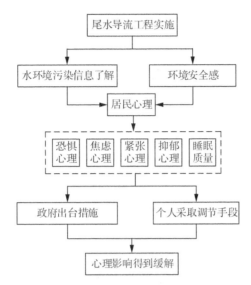

图 4-27　尾水导流工程对尾水排入区居民心理影响的机理框图

二、尾水导流工程对尾水排入区域社会环境影响的损益分析

(一)尾水排入区居民生活质量影响的损益分析

1. 政府加大环境治理投资,整体上改善居民生活质量,社会效益显著。近年来,国家加强对水环境治理规划的编制与实施工作,尤其是 2016 年发布的《"十三五"重点流域水环境综合治理建设规划》,提出了关于全面改善水环境质量的要求,重点推进水环境综合治理的工程建设,这对于总体上改善居民生活质量,具有重要的生态及社会效益。

2. 生活环境有所改变,居民休闲生活质量受影响。作为尾水导流工程规划的尾水排入区,生态环境因尾水的排入受到不同程度的影响,尤其是考虑到后续尾水导流工程对排入点、排入区的养护和管理,其影响程度将有所提高与降低,从而影响居民生产生活环境,降低居民对其生产生活环境的主观满意度,并对其休闲生活质量造成损失。

3. 饮用水支出增加,生活成本增加。对于排入区居民来说,虽然排入区远离居民水源地,但尾水的排入对居民的水环境质量及饮用水卫生状况有一定影响,且受国家环保政策宣传等影响,工程建设提高了居民的环境意识,尾水排入区居民大多增加了生活用水及净水设备的花费,由此导致居民生活成本增加。

(二)尾水排入区居民身体健康影响的损益分析

通过尾水导流工程对排入区居民身体健康影响的调研分析可知,尾水导流工程建设在一定程度上影响着排入区居民的身体健康状况,需要居民付出一定的医疗成本,主要体现在:

1. 医疗费。居民生病后去医疗机构看病所产生的挂号费、检查费、治疗费、药费、住院费、陪护费等,以及未就诊患者的自我诊疗费和药费。

2. 营养费。为增强体质须增加的营养品支出。

3. 误工费。患者生病期间未正常上班所发生的工资、收益的损失。

4. 锻炼、防护支出。为提高抵抗力,购置体育用品和防护用品,参加体育活动发生的支出。

5. 死亡损失。患者未治愈,过早死亡对家庭和社会造成的损失等。

(三)尾水排入区居民环境意识影响的损益分析

据调查,尾水导流工程建设前后,居民环境意识有了明显提高,表现在居民积极主动地关注水环境信息,对水污染知识的了解有了显著增加,这与国家对于环保知识及水环境信息发布的及时、准确密切相关。

居民环境意识的提高,其效益体现在:

1. 居民生活污水排放意识、节水与循环用水意识提高。体现了居民生活成本的减少及政府对于生活污水收集、治理的支持。

2. 农村居民种植业、养殖业环境意识提高。由于尾水排入区多规划于农村,且尾水导流工程影响区涉及大片农村地区,因此对农村居民环境意识有了显著影响,其效益主要有:

①有关种植业环境意识的改善

A. 使用农药方面的环境行为改善:随着环保政策的宣传,农村居民在农药方面的环境意识得到提高,减少了农药购买量,农药施用量,因此农药中不能被作物吸收的污染物量也相应减少,具体经济价值体现在农药购买费用以及污染处理费用的减少。

B. 使用化肥方面的环境行为改善:农村居民在化肥方面的环境意识得到提高,减少了化肥购买量,化肥施用量,因此化肥中不能被作物吸收的污染物的量也相应减少,具体经济价值体现在化肥购买费用以及污染处理费用的减少。

C. 处置秸秆方面的环境行为改善:农村居民在秸秆处置方面的环境意识得到提高,具体表现为采取更为科学的秸秆处理方式,如秸秆还田,而秸秆还田则减少了氮磷等污染,节省了污染物的处理费用。

基于以上分析,有关种植业环境意识改善带来的效益为上述三项之和。

②有关养殖业环境意识的改善

A. 畜禽养殖业:随着国家环境整治工程及环保政策的宣传,农村居民对畜禽养殖方面的环境意识得到提高,养殖业中所用的饲料量下降,购买饲料的费用以及相关污染处理费用同步减少。

B. 水产养殖业:环境意识的提高还体现在农村居民对水产养殖方面的环境意识的提高,开始采取生态养殖等一系列科学养殖方式,减少了水产饲料的使用量,饲料购买费用以及相关污染处理费用同步降低。

③有关农村生活环境意识的改善

农村生活环境意识的改善主要体现在垃圾处理方式的改善方面。目前由于政府大力倡导无害化垃圾处理，垃圾无害化处理率大大提高，在一定程度上节省了发电成本，如煤炭成本。

（四）尾水排入区居民心理影响的损益分析

尾水导流工程对尾水排入区域的居民心理产生一定的冲击。在事件发生初期，居民产生负面情绪体验，一些原本身体处于亚健康状态的居民甚至因此事件而诱发疾病。为了驱除恐惧等负面情绪以及由此产生的不适感，居民会采取各种自我调节手段，以平复不良情绪，由此会比平时要多付出一定的花费。尾水导流工程对尾水排入区域居民心理的影响主要是负面的，由此造成的损失表现为：

1. 居民因负面情绪体验诱发身体疾病而发生的诊治费用

居民负面情绪体验在生理上表现为心跳加快、血压升高、肠胃不适、食欲下降、呼吸困难、胸痛、肌肉紧张等症状，一些原本身体状况不佳的居民可能因此而诱发疾病，由此可能发生相关费用，如医疗费、营养费、误工费等。

2. 居民为缓解负面情绪而多出的娱乐休闲费用

对于尾水导流工程带来的负面情绪，居民会采取各种自我调节手段，愉悦身心，平复情绪。居民主要的娱乐休闲活动包括看电影、看电视、去 KTV 唱歌、打牌、聊天等。居民为此发生的消费支出、时间成本等是尾水导流工程对居民心理影响的损失之一。

3. 居民为缓解负面情绪而付出的社会支持费用

在尾水导流工程建设期间，居民四处打听消息，以了解工程的进展和尾水排放的情况，缓解内心的不良情绪。了解信息的方式包括：看报纸、看电视、听广播、上网、拨打有关部门和组织的热线电话、拨打亲友电话、在社区了解情况等。由此比平时多发生的电话费、上网费等相关费用是尾水导流工程对居民心理影响的损失之一。

4. 居民因负面情绪得不到全部释放、缓解引起心理疾病而发生的诊治费用

考虑到尾水排入区域可能存在部分居民因一时负面情绪无法得到全部释放，由压抑情绪逐渐转为抑郁，患上心理疾病，由此发生的诊疗费用，如医疗费、误工费、交通费等，是心理影响损失的一部分。由于这种极端情况极少出现，暂不考虑对此计量。

三、量化方法的选择及计量模型的构建

（一）量化方法分析

1. 恢复费用法

此处的恢复费用法，是指尾水导流工程对居民心理产生了影响，为了减轻对居民心

理的不利影响,恢复居民内心的平静,居民会花费更多的金钱、时间来调节自己的负面情绪。这部分多花费的金钱、时间即为居民为尾水导流工程对其心理影响而付出的环境成本。

2. 意愿调查法

对于尾水导流工程对尾水排入区域居民心理影响的计量亦可运用意愿调查法,通过调查问卷的设计,就尾水排入区域居民心理影响的补偿意愿进行调查,通过调查所获得的数据,即可推算出尾水导流工程对居民心理影响造成的损失。

(二) 量化思路及模型

1. 恢复费用法

采用恢复费用法需确定居民为缓解负面情绪而多付出的休闲娱乐成本,这些数据可通过回顾性问卷调查获得。量化模型公式为:

$$L_1 = \frac{1}{n}\sum_{i=1}^{n} r_i \times N \tag{4-1}$$

式中:L_1 为恢复费用法下尾水导流工程对尾水排入区居民心理影响造成的损失;r_i 为因尾水导流工程的实施增加的娱乐休闲成本;n 为样本人数;N 为尾水导流工程尾水排入区受影响的人数。

2. 意愿调查法

通过意愿调查法,可以得到尾水导流工程对于居民心理影响的人均受偿意愿,再根据尾水排入区域受影响的人数,那么可有:

$$L_2 = \frac{1}{n}\sum_{i=1}^{n} w_i \times N \tag{4-2}$$

式中:L_2 为意愿调查法下尾水导流工程对尾水排入区居民心理影响造成的损失;w_i 为被调查者的受偿意愿;n 为样本人数;N 为尾水导流工程尾水排入区受影响的人数。

结合恢复费用法和意愿调查法,可得尾水导流工程对尾水排入区居民心理影响造成的损失为:

$$L = \frac{1}{2}(L_1 + L_2) \tag{4-3}$$

四、参数的确定及经济损益的货币化计量

(一) 相关数据确定

本书采用问卷调查方式对尾水导流工程对尾水排入区居民心理影响造成的损失进行研究。通过对尾水排入区居民进行随机性匿名问卷调查,调查对象包括农民、工人、学

生、行政人员等,且充分考虑到性别、年龄以及经济收入差异等情况,共发放 180 份问卷。

①恢复费用法

第一,采用问卷调查法,根据对调查问卷设置题目"在尾水导流工程实施期间,由于事件导致负面情绪需要缓解而多出的花费为多少?"来统计确定居民为缓解负面情绪而多出的花费。调查结果如表 4-1 和表 4-2 所示:

表 4-1　居民为缓解负面情绪多出的花费调查结果表

项目	频率	百分比	其中:							
			徐州		宿迁		淮安		江都	
			频率	百分比	频率	百分比	频率	百分比	频率	百分比
100 元以下	94	64.8%	43	50.0%			28	96.6%	23	76.7%
100~150 元	15	10.3%	8	9.3%			1	3.4%	6	20.0%
150~200 元	9	6.2%	9	10.5%						
200~250 元	3	2.1%	3	3.5%						
250 元以上	24	16.6%	23	26.7%					1	3.3%

注:上表徐州数据中包含新沂和睢宁地区数据。

表 4-2　居民为缓解负面情绪多出的花费调查结果表

项目	频率	百分比	其中:												
			徐州		新沂		睢宁		宿迁		淮安		江都	
			频率	百分比	频率	百分比	频率	百分比	频率	百分比	频率	百分比	频率	百分比
100 元以下	94	64.8%	11	36.7%	3	11.5%	29	96.7%			28	96.6%	23	76.7%
100~150 元	15	10.3%	8	26.7%							1	3.4%	6	20.0%
150~200 元	9	6.2%	8	26.7%	1	3.8%								
200~250 元	3	2.1%	2	6.7%	1	3.8%								
250 元以上	24	16.6%	1	3.3%	21	80.8%	1	3.3%					1	3.3%

为保守计算,选取每个选项的中值作为居民为缓解负面情绪多出的花费,这里主要指在当地的娱乐休闲费用:对于"100 元以下"选项取 50 元,"100~150 元"取 125 元,以此类推,对于"250 元以上"取 275 元。

据此计算出被调查居民为缓解负面情绪多出的娱乐休闲费用为 15 425 元,人均106.4 元。

②意愿调查法

采用意愿调查法,根据问卷设置题目"由于尾水导流工程给您心理上带来的影响,如果给您补偿的话,您所能接受的补偿金额是多少?"来确定居民愿意接受的对心理影响的补偿金额。

问卷调查结果如表 4-3 和表 4-4 所示。

表 4-3　尾水导流工程对居民心理影响的补偿意愿调查结果表

项目	频率	百分比	其中:							
			徐州		宿迁		淮安		江都	
			频率	百分比	频率	百分比	频率	百分比	频率	百分比
50 元以下	76	52.4%	33	38.4%			20	69.0%	23	76.7%
50~100 元	52	35.9%	46	53.5%			2	6.9%	4	13.3%
100~150 元	12	8.3%	7	8.1%			3	10.3%	2	6.7%
150~200 元	4	2.8%					4	13.8%		
200 元以上	1	0.7%							1	3.3%

注:上表徐州数据中包含新沂和睢宁地区数据。

表 4-4　尾水导流工程对居民心理影响的补偿意愿调查结果表

项目	频率	百分比	其中:											
			徐州		新沂		睢宁		宿迁		淮安		江都	
			频率	百分比	频率	百分比	频率	百分比	频率	百分比	频率	百分比	频率	百分比
50 元以下	76	52.4%	4	13.3%			29	96.7%			20	69.0%	23	76.7%
50~100 元	52	35.9%	19	63.3%	26	100.0%	1	3.3%			2	6.9%	4	13.3%
100~150 元	12	8.3%	7	23.3%							3	10.3%	2	6.7%
150~200 元	4	2.8%									4	13.8%		
200 元以上	1	0.7%											1	3.3%

注:宿迁段尾水排入新沂河后入海,其居民受偿意愿参照各区平均值。

　　同理,选取每个选项的中值作为居民心理影响的最低受偿意愿,据此计算出被调查者心理影响的受偿意愿金额为 8 250 元,人均 56.9 元。

　　根据以上计算结果,得到恢复费用法下人均心理影响损失为 106.4 元,意愿调查法得到的结果为人均 56.9 元。综合两种方法的计算结果,取其均值,将人均心理影响损失确认为 81.7 元。

　　根据 2015 年江苏省统计年鉴,结合对尾水排入区域范围的界定,确定徐州市尾水排入区域受影响人数约为 8.80 万人(主要涉及新店镇、邵店镇),宿迁市受影响人数约为 8.86 万人(主要涉及侍岭镇、颜集镇),淮安市受影响人数约为 20.91 万人(主要涉及马甸镇、淮城镇),江都区受影响人数约为 3.5 万人(主要涉及嘶马镇)。

(二) 经济损益的货币化计量

1. 徐州市尾水导流工程对尾水排入区域居民心理影响的损益计量

　　根据以上分析,得到徐州市尾水导流工程影响尾水排入区域居民人口数为 8.80 万人,结合问卷调查得到的居民人均心理影响损失为 81.7 元,计算可得影响徐州市尾水排入区域居民心理损失为 718.96 万元/年。

2. 宿迁市尾水导流工程对尾水排入区域居民心理影响的损益计量

根据以上分析,得到宿迁市尾水导流工程影响尾水排入区域居民人口数为 8.86 万人,结合问卷调查得到的居民人均心理影响损失为 81.7 元,计算可得影响宿迁市尾水排入区域居民心理损失为 723.86 万元/年。

3. 淮安市尾水导流工程对尾水排入区域居民心理影响的损益计量

根据以上分析,得到淮安市尾水导流工程影响尾水排入区域居民人口数为 20.91 万人,结合问卷调查得到的居民人均心理影响损失为 81.7 元,计算可得影响淮安市尾水排入区域居民心理损失为 1 708.35 万元/年。

4. 江都区尾水导流工程对尾水排入区域居民心理影响的损益计量

根据以上分析,得到江都区尾水导流工程影响尾水排入区域居民人口数为 3.5 万人,结合问卷调查得到的居民人均心理影响损失 81.7 元,计算可得影响江都区尾水排入区域居民心理损失为 285.95 万元/年。

5. 尾水导流工程对尾水排入区域居民心理影响的损益分析

根据上述分析,可知出截至 2016 年 6 月底,尾水导流工程对尾水排入区域居民心理影响的损失合计为 18 503.97 万元。

表 4-5　尾水导流工程尾水排入区域居民心理影响损益合计　　　　单位:万元

年份	徐州市	宿迁市	淮安市	江都区	合计
2010	—	—	—	−262.12	−262.12
2011	−539.22	−241.29	−1 708.35	−285.95	−2 774.81
2012	−718.96	−723.86	−1 708.35	−285.95	−3 437.12
2013	−718.96	−723.86	−1 708.35	−285.95	−3 437.12
2014	−718.96	−723.86	−1 708.35	−285.95	−3 437.12
2015	−718.96	−723.86	−1 708.35	−285.95	−3 437.12
2016	−359.48	−361.93	−854.18	−142.98	−1 718.56
合计	−3 774.54	−3 498.66	−9 395.93	−1 834.85	−18 503.97

第五章
尾水导流工程尾水资源化利用损益分析

第一节　尾水用途

尾水导流工程的尾水经处理后,达到中水标准,可作工业用水、城市杂用水、环境用水和补充水源水等多种用途,但并不适宜用作与人体接触的娱乐用水和饮用水。基于调查分析,尾水导流工程的尾水用途主要包括以下方面:

一、尾水回用于工业企业

工业用水包括冷却用水、洗涤用水、锅炉用水、工艺用水、产品用水等。尾水回用应用于工业主要包括循环冷却水、熄焦、熄炉渣用水、灰渣水力输送用水、工厂绿地浇洒、地面、设备、车辆冲洗、厂区消防等用水,其中最具普遍性和代表性的用途是工业冷却用水。由于工厂、企业生产的产品不同,各类工业用水的水质标准也不同,工业用水应在污水处理厂再生水基础上根据用途不同和工厂、企业用水水质的不同标准,由工厂、企业再进行深度处理,以达到节约优质淡水资源的目的。即使企业对回用水质有特殊要求,但只要水源稳定,企业可自行按特殊要求作进一步处理,可以使再处理费用降低,使用再生水替换自来水作为工业企业用水,水量较大,经济效益更加明显。

徐州市的重点工业园区金山桥工业园、铜山新区工业园、杏子山工业园、青山泉工业园;宿迁市目前重点打造的宿城经济开发区、宿迁经济开发区;淮安市的淮安工业园区;扬州市江都经济开发区等,结合各工业园区的规划,适时引入再生水资源,可节约水资源,具有巨大的经济效益和可操作性。

二、尾水回用于市政工程

为满足公园绿地植物生长、保持城市道路整洁、降低地表温度,园林绿化部门要定期对公园绿地、城市道路进行浇洒或冲洗,城市的下水道也要定期进行冲洗。施工场地的清扫、浇洒、灰尘抑制、混凝土的制备与养护、城市的消防等都需要消耗大量的城市用水。

目前徐州市、宿迁市、淮安市、江都区公园绿地、浇洒道路、建筑施工的水源几乎全部为自来水,成本较高。按照《城市污水再生利用城市杂用水水质》(GB/T 18920—2020)标准,将污水处理厂出水经过深度处理后,水质完全可以满足城市杂用水标准。而再生水中含有剩余的氮磷等营养元素,用于绿化浇灌,既可以节约用水,又可以给草木丰富的营养,所产生的经济效益、环境效益都很显著。

因此,使用尾水再生作为城市绿化维护水源,不但可以满足使用要求,而且可以节约大量宝贵的自来水资源,是再生水利用的途径之一。

三、尾水回用于河道补充水

按照国家标准《景观环境用水的再生水利用标准》规定,一般再生水作为景观环境用水有以下几种方式:

(1)观赏性景观环境水体,人体非直接接触,包括不设娱乐设施的景观河道、景观湖泊及其他观赏性水体,它们由再生水或部分再生水及天然水或自来水组成;

(2)观赏性景观环境水体,允许人体非全身性接触的,可以划船、嬉水,对感官和卫生条件有一定要求,包括设有娱乐设施的景观河道、景观湖泊及其他观赏性水体,它们由再生水或部分再生水及天然水或自来水组成;

(3)水景类用水,主要用于人造瀑布、喷泉、娱乐、观赏等设施的用水;

(4)观赏河道类连续流动水体或景观湖泊类非连续流动水体。

城市的河道由于水源紧张,许多河床呈无水状态。有的河道变为排放污水的臭沟,使城市景观不仅受到不良的影响,而且失去了河道在城市景观中的功能。目前徐州市、宿迁市、淮安市、江都区的中心城市大部分公园内湖湖水和河道主要是依靠自然降水和自来水补充进行调节置换的。但由于自然降水的初期降雨地面径流水质很差,汇流入湖更加剧了内湖湖水和河道的污染。对于公园这种公益单位来讲,用自来水进行定期换水是一笔沉重的经济负担。

按照中华人民共和国建设部颁布的城镇建设行业标准《再生水回用于景观水体的水质标准》(CJ/T 95—2000)要求,城市污水处理厂的出水再进行深度处理,用价格较低的再生水作为置换水源,不但可以满足作为景观水体的水质要求,而且水量充足,供水稳定,非常适用于大面积的景观水体的换水补水。只要河道是流动的,河道本身还具有一定的自净能力,这样不仅使城市景观得到改善,也为河道两岸再生水回用单位提供他输水渠道。既保证河道有足够的水动力,减少需要补充清洁水量,又可促进社会经济可持续发展,有效缓解水资源缺乏,对合理调度现有的水源起到积极作用,将获得良好的经济效益和社会效益。

第二节　尾水导流工程尾水资源化利用损益分析

　　保护环境、合理利用资源,是坚持科学发展观、实现可持续发展、循环经济的必然要求。城市污水再生利用是实现水资源可持续利用、污水资源化的重要途径,也是节约水资源、减少排污、降低污染、保护环境的有效手段之一。尾水导流工程尾水资源化利用的价值主要体现在节约用水量上,从成本法的角度保守计算尾水导流工程尾水资源化利用的价值即为节约等量自来水的价值,可根据节约的自来水量以及自来水价进行计算。计算公式为:

$$c_D = \alpha(p_1 - p_2) \tag{5-1}$$

式中:c_D 为每年尾水资源化利用节约的总成本;α 为每年尾水资源化利用总量;p_1 为自来水的市场价格;p_2 为尾水处理后的市场价格。其中,自来水价格通过查询当地自来水公司网站、物价局网站等可以得到基本数据,尾水处理后的市场价格经徐州市物价局核定为 1.00 元/立方米。

第三节　尾水导流工程尾水资源化利用损益货币化计量

　　尾水导流工程尾水资源化利用的根本目的是通过对尾水的处理、净化,改善尾水水质,使其能够满足一定的使用目的,成为城市水资源的一个重要组成部分,补充城市水资源的短缺、减少水资源的浪费和污染,从而提高城市用水的循环利用,实现经济利益。尾水资源化利用不仅具有经济效益,还具有显著的社会和环境效益。从经济学的角度来说,把这些属于外部经济效益的社会环境效益内部化,将无形效益转化成项目,可以更为直观地观察尾水导流工程尾水资源化利用的价值。

一、徐州市尾水导流工程尾水资源化利用损益货币化计量

(一)目前回用状况

1. 徐州市尾水回用状况

南水北调徐州市尾水导流工程自运行以来,实现年导流尾水量 12 556 万吨,为沿线 20.37 万亩农田提供灌溉水资源 6 477 万吨,工程沿线灌溉区分为:柳新茅村灌区

13 909亩,贾汪老不牢河灌区18 008亩,运南灌区130 788亩,滩土河灌区20 000亩,建秋河老沂河灌区20 779亩;企业回用中水2 941.9万吨,尾水回用的企业有彭城电厂(0.4万吨/天)、徐塘电厂(1.26万吨/天)、国华电厂(2.1万吨/天)、中能集团(4.3万吨/天),尾水回用规模8.06万吨/天。

表5-1 水资源再利用情况

序号	名称	日回用尾水量(万吨)
1	彭城电厂	0.4
2	徐塘电厂	1.26
3	国华电厂	2.1
4	中能集团	4.3
5	合计	8.06

尾水回用提升了城市水环境容量,改善了区域水生态文明,为工程沿线工农业生产提供了可利用水资源保障。详见表5-2。

表5-2 徐州市尾水资源化利用一览表

序号	名称	尾水导流规模(万吨/年)	回用规模(万吨/年)	尾水回用途径
1	农业用户	—	6 477	农田灌溉
2	工业用户	—	2 941.9	企业回用中水
3	总计	13 500	9 418.9	

表5-3 徐州市自来水价格表

分类	基本水价	城市附加费	污水处理费	水资源费	到户价
生活类用水	1.57	0.15	1.05	0.20	2.97
行政事业用水	2.07	0.15	1.29	0.20	3.71
生产类用水	2.17	0.15	1.34	0.20	3.86
特种类用水	4.12	0.15	1.69	0.20	6.16

注:数据来源于徐州市物价局。

考虑到农业灌溉用水价格较低,并结合尾水的处理成本,在此不再计算农业回用的效益。根据尾水导流工程尾水资源化利用效益分析模型,徐州市尾水导流工程尾水资源化利用每年节约的总成本如下:

徐州市尾水导流工程尾水资源化利用每年节约的总成本=2 941.9×(3.86－1.00)=8 413.83(万元)

根据对徐州市南水北调尾水导流工程建设处调研可知,徐州市南水北调尾水导流一期工程于2009年3月全面开工建设,2011年3月建成试通水,2011年3月徐州市尾水导流工程自正式开机试运行以来,工程运行情况稳定,因此,截止到2016年6月底,徐州市尾水导流工程效益的发挥时间区间为5年3个月。

表5-4　徐州市尾水导流工程尾水资源化利用效益计量表

内容 年份	尾水回用量(吨)		水价(元/吨)			回用效益(万元)
	农业用户	工业用户	生活类用水	生产类用水	再生水	
2011(3.15—12.31)	5 397.5	2 451.58	2.97	3.86	1.00	7 011.52
2012	6 477	2 941.9	2.97	3.86	1.00	8 413.83
2013	6 477	2 941.9	2.97	3.86	1.00	8 413.83
2014	6 477	2 941.9	2.97	3.86	1.00	8 413.83
2015	6 477	2 941.9	2.97	3.86	1.00	8 413.83
2016(1.1—6.30)	3 238.5	1 470.95	2.97	3.86	1.00	4 206.92
合计	34 544	15 690.13				44 873.76

注:这里的回用效益仅考虑工业回用。

由此可得,截至2016年6月,徐州市尾水导流工程尾水资源化利用共节约总成本44 873.76万元。

2. 新沂市尾水回用状况

截至定稿,新沂市尾水资源化利用尚未运用,暂不存在回用效益。

3. 睢宁县尾水回用状况

截至定稿,睢宁县尾水资源化利用尚未运行,暂不存在回用效益。

(二)尾水回用规划

1. 新沂市尾水回用规划

新沂市城区尾水规模为1.61 m³/s,尾水应考虑资源化利用,剩余尾水再进行导流。考虑到新沂市城区地形北高南低,且新沂市污水处理厂距城区5.5 km,城区尾水用于热电厂等工业企业和城区生态用水和景观用水,工程投资大且运行成本高,另外新沂境内热电厂等工业企业用水量较小,因此新沂城区尾水用于热电厂等工业企业和城区生态用水和景观用水是不行的,只能用于农业灌溉。

新沂市城市污水处理厂与开发区污水处理厂均位于新墨河以东,总沭河王庄闸上游,由于新墨河西侧为棋盘、唐店双山丘陵岗区,上游新戴河口至骆马湖两侧为骆马湖供水区,考虑到成本、技术等方面的问题,新沂污水处理厂尾水农灌资源化工程设计如下:在马陵北引河(桩号D10+185)处,增设管道电动闸阀、阀门井、出水口建筑物及总沭河支河口控制性节制闸各一座,通过已建的抽水站抽排入马陵北引河尾水,供唐店、马陵山两个镇的农田灌溉。

该工程为沿线农田提供了丰富的灌溉水资源。在平水年份下,该区域水资源量基本平衡,为减少该区地下水开采,在灌溉期可以调用尾水调剂,尾水可资源化利用920万吨,利用率为18.4%,一般干旱年份可资源化利用1 391万吨,利用率为27.8%,特殊干旱年份可资源化利用 2 366 万吨,利用率为 47.2%。详见表 5-6。

表 5-6　新沂尾水资源化利用一览表

年份	名称	尾水总量(万吨/年)	回用规模(万吨/年)	尾水回用途径
平水年份	农业用户	5 000	920	农田灌溉
一般干旱年份	农业用户	5 000	1 391	农田灌溉
特殊干旱年份	农业用户	5 000	2 366	农田灌溉

2. 睢宁县尾水回用规划

睢宁县尾水资源化利用及导流工程的实施,为南水北调徐洪河成为清水廊道创造了有利的条件,同时促进了睢宁县治污进程,促进了尾水资源化利用和节约用水,具有明显的生态效益和社会效益。睢宁段尾水线路规划从睢宁县城镇污水处理厂沿徐沙河、老龙河、牛鼻河和庆安西干渠,依次穿越睢北河、废黄河、民便河、房南河、房亭河,沿房亭河北滩地、丰产大沟南岸向东进入彭河,汇入徐州市截污导流主干线。

预测睢宁县全年尾水总量 5 292.5 万吨,全年尾水利用率为 89.4%,为沿线农田提供灌溉水资源 3 017 万吨,工业回用尾水 1 715.5 万吨,从而提高了区域水生态文明,丰富了工程沿线工农业可利用的水资源。详见表 5-7。

表 5-7　睢宁尾水资源化利用一览表

序号	名称	尾水总量(万吨/年)	回用规模(万吨/年)	尾水回用途径
1	农业用户		3 017	农田灌溉
2	工业用户		1 715.5	工业回用尾水
3	总计	5 292.5	4 732.5	

根据尾水导流工程尾水资源化利用效益分析模型,睢宁县尾水导流工程尾水资源化利用每年节约的总成本如下:

睢宁县尾水导流工程尾水资源化利用工业回用每年节约的总成本＝1 715.5×(3.86－1.00)＝4 906.33 万元

二、宿迁市尾水导流工程尾水资源化利用损益货币化计量

(一)目前回用状况

宿迁市尾水导流工程是国家南水北调东线治污项目之一,工程位于宿城区、宿豫区、湖滨新城开发区境内,由运西工业尾水收集系统及尾水输送系统两部分组成。主要建设内容包括:①运西尾水收集系统铺设截污管道 7.0 千米,新建提升泵站 1 座;②尾水输送系统铺设输水管道 23.3 千米,新建总提升泵站 1 座、跨中运河建筑物一座,顶管 8 处。旨在解决宿迁运河沿线老城区段尾水排放出路问题,实现该段运河的零排放;工程将城南

污水处理厂尾水及运西工业尾水集中收集后,通过压力管道输送至新沂河山东河口处东流入海。

截至定稿,宿迁市尾水导流工程并未进行尾水资源化利用。

(二)尾水回用规划

根据宿迁市中心城区及洋河副城区尾水回用规划,各污水处理厂尾水回用水量及回用目标如下:

宿迁市城南污水厂近期实施提标改造和中水回用工程,尾水回用规模为 5 万立方米/天,尾水回用于古黄河作为景观水及农业灌溉用水。古黄河原从骆马湖直接调水作为河道补充水及农业灌溉用水,通过尾水中水回用,可以减少从骆马湖直接调水补充古黄河水量,发挥环境、经济和社会效益。城北污水处理厂近远期全部回用,近期回用规模为 1 万立方米/天,远期回用规模为 2 万立方米/天,尾水回用于古黄河作为景观水及农业灌溉用水。河滨污水处理站尾水近远期均回用,回用规模为 0.5 万立方米/天,尾水回用于黄河水景公园作为景观补水。

新源生活污水处理厂尾水远期回用,回用规模为 4.5 万立方米/天,尾水回用于山东河作为生态补水。宿豫区污水处理厂尾水近期回用规模 1.5 万立方米/天,远期回用规模为 3 万立方米/天,尾水回用于江苏秀强玻璃厂作为工业用水和周边市政杂用水。洋河污水处理厂远期回用规模为 2 万立方米/天、陆集污水处理厂远期回用规模为 1.2 万立方米/天、宿豫张家港工业园污水处理厂远期回用规模为 1.2 万立方米/天、宏信工业污水处理厂远期回用规模为 1.0 万立方米/天、苏宿工业园区污水处理厂远期回用规模为 3 万立方米/天,尾水回用于对水质要求不高的企业工业用水及污水处理厂周边市政杂用水。根据宿迁市"十二五"期间污水处理厂建设规划、各片区污水回用规划、《宿迁市城市总体规划》及《宿迁市排水规划》,宿迁市中心城区处理达标后尾水排放主要涉及中心城区 12 座污水处理厂的尾水和洋河副城区洋河污水处理厂的尾水,详见表 5-8:

表 5-8 宿迁市污水处理厂处理水量及污水回用量一览表

序号	名称	处理规模 (万立方米/天)		回用规模 (万立方米/天)		尾水回用途径
		近期	远期	近期	远期	
1	宿豫污水处理系统	3.0	3.0	1.5	3.0	回用于秀强玻璃厂
2	陆集污水处理系统	2.0	3.0	0.0	1.2	回用于工业用水
3	张家港工业园污水处理系统	3.0	3.0	0.0	1.2	回用于工业用水
4	城南污水处理系统	5.0	5.0	5.0	5.0	古黄河景观补水
5	城北污水处理系统	1.0	2.0	1.0	2.0	古黄河景观补水
6	富春紫光污水处理系统	8.0	10.0	1.0	3.0	回用于工业用水

续表

序号	名称	处理规模（万立方米/天）		回用规模（万立方米/天）		尾水回用途径
		近期	远期	近期	远期	
7	河滨污水处理系统	0.5	0.5	0.5	0.5	黄河水景公园景观补水
8	苏宿工业园污水处理系统	3.0	8.0	0.0	3.0	回用于工业用水
9	耿车污水处理系统	2.5	4.9	0.0	0.0	回用于工业用水
10	新源污水处理系统	2.0	4.5	0.0	4.5	山东河生态补水
11	宏信污水处理系统	2.5	5.0	0.0	1.0	回用于工业用水
12	翔盛粘胶污水处理系统	2.0	4.5	0.0	0.0	厂内回用
13	洋河污水处理厂	3.0	5.0	0.0	2.0	回用于工业用水
	合计	37.5	58.4	9.0	26.4	

综上所示,宿迁市近期回用规模为:9.0万立方米/天;远期回用规模为:26.40万立方米/天。宿迁市尾水资源化利用回用用途及规模见表5-9,宿迁市自来水价格表见表5-10。

表5-9　宿迁市尾水资源化利用一览表

序号	名称	尾水处理规模（万吨/年）		回用规模（万吨/年）		尾水回用途径
		近期	远期	近期	远期	
1	市政用户	3 102.5	4 380	2 372.5	4 380	河道补水
2	工业用户	10 585	16 936	912.5	5 256	企业回用中水
3	总计	13 687.5	21 316	3 285	9 636	

注:年按365天计算。

表5-10　宿迁市自来水价格表

分类	基本水价	污水处理费	水资源费	城市附加费	到户价
居民生活用水	1.82	1.08	0.2	0.02	3.12
行政事业单位用水	2.22	1.08	0.2	0.02	3.52
工商服务业用水	2.28	1.05	0.2	0.09	3.62
特种类用水	4.08	1.15	0.2	0.09	5.52

注:数据来源于宿迁市自来水公司。

将以上数据代入尾水导流工程尾水资源化利用效益分析模型,可得宿迁市尾水导流工程尾水资源化利用每年节约的总成本如下:

宿迁市近期尾水导流工程尾水资源化利用每年节约的总成本＝2 372.5×(3.52－1.00)＋912.5×(3.62－1.00)＝8 369.45万元

宿迁市远期尾水导流工程尾水资源化利用每年节约的总成本＝4 380×(3.52－1.00)＋5 256×(3.62－1.00)＝24 808.32万元

三、淮安市尾水导流工程尾水资源化利用损益货币化计量

(一)目前回用状况

淮安市尾水导流工程位于淮安市城区段大运河、里运河两岸,涉及清江浦区和淮安区。淮安市尾水导流工程的任务主要有沿大运河、里运河铺设截污干管,收集原排入输水干线的废污水至污水处理厂;清除里运河污染底泥;实施清安河整治,将污水处理厂尾水经清安河排入淮河入海水道,以改善大运河及里运河淮安城区段的水质和水环境,是江苏省南水北调东线输水水质达到地表水Ⅲ类水质的重要保障措施之一。

截至定稿,淮安市尾水导流工程并未进行尾水资源化利用。

(二)尾水回用规划

淮安市尾水导流工程建设内容及规模:沿大运河、里运河共铺设截污干管 20.12 千米;建设污水提升泵站 2 座,设计流量为 0.579 立方米/秒。里运河清淤工程以尽量清除里运河淤泥为控制标准,清淤河段长 24.3 千米。清安河疏浚工程按尾水输送结合区域三年一遇排涝标准疏浚河段长 22.04 千米(其中原初设批复下游 17.94 千米,上游 4.1 千米为新增项目),移址重建穿运涵洞,设计流量为 29 立方米/秒。根据再生水利用途径,进行预测需水量,如下表所示:

表 5-11　淮安市再生水利用需水量预测表

用途	近期需水量(立方米/天)	备注
园林绿化	7 000	旱季使用
河湖补充用水	20 850	
喷洒道路	5 000	
洗车	3 400	
小区利用	3 750	
工业利用	10 000	
合计	50 000	

近期四季青污水厂和市第二污水水厂尾水总量为 25.5 万立方米/天(四季青 10.5 万立方米/天+二污厂 15.0 万立方米/天),近期主要用于园林绿化、喷洒道路、河道补充用水等,再生水需水量约为 3.0 万立方米/天,污水厂再生水利用率为 12%;待回用条件成熟后,再考虑部分工业回用,则再生水量约为 5.0 万立方米/天,污水厂再生水利用率达到 20%。

淮安市尾水资源化利用回用用途及规模见表 5-12,淮安市自来水价格表见表 5-13。

表 5-12 淮安市尾水资源化利用一览表

序号	名称	尾水处理规模(万吨/年)	回用规模(万吨/年)	尾水回用途径
1	市政用户		1 095	园林绿地、道路喷洒
2	工业用户		730	企业回用中水
3	总计	9 307.5	1 825	

注:年按 365 天计。

表 5-13 淮安市自来水价格表

分类	基本水价	污水处理费	水资源费	到户价
居民生活用水	1.56	1.04	0.20	2.80
非居民年生活用水	2.13	1.12	0.20	3.45
特种类用水	2.80	1.60	0.20	4.60

注:数据来源于淮安市自来水厂。

将以上数据引入尾水导流工程尾水资源化利用效益分析模型,计算可得淮安市尾水导流工程尾水资源化利用每年节约的总成本如下:

淮安市近期尾水导流工程尾水资源化利用每年节约的总成本＝1 095×(3.45－1.00)＋730×(3.45－1.00)＝4 471.25 万元

四、江都区尾水导流工程尾水资源化利用损益货币化计量

(一) 目前回用状况

为充分体现"先节水后调水,先治污后通水,先环保后用水"的原则,按照《南水北调东线工程治污规划》《南水北调东线工程江苏段控制单元治污实施方案》的安排,江都区共有两项尾水导流工程,即江都区污水处理工程和江都区污水处理厂尾水输送工程。江都区污水处理一期工程规模为 4 万吨/天,2003 年 4 月份奠基开工,已于 2009 年 2 月建设完成,目前已投产运行,污水处理厂二期工程设计规模为 8 万吨/天。

江都区水资源丰富,目前江都区尾水导流工程并没有进行尾水资源化利用。

(二) 尾水回用规划

通过清源、港区、玉澄等污水处理厂和天晴污水处理有限公司,南水北调尾水导流工程二期扩容工程,对部分尾水进行深度处理,回用于农田灌溉、工业用水、城市清洁及水体景观用水等。江都区尾水资源化利用回用用途及规模见表 5-14。

表 5-14　江都区尾水资源化利用一览表

序号	名称	尾水处理规模(万吨/年)	回用规模(万吨/年)		尾水回用途径
			近期	远期	
1	市政用户		560	620	城市清洁、水体景观
2	工业用户		240	380	企业回用中水
3	合计	4 380	800	1 000	

注:年按 365 天计。

依据扬州市江都区物价局扬江价〔2015〕16 号文件《关于调整江都区自来水价格的通知》,江都主城区各类用水到户价分别为:民用水 3.00 元/m^3,工商业用水 3.53 元/m^3,特种用水 5.53 元/m^3。农村区域供水民用水价格 2.9 元/m^3,工商业、特种用水与主城区同价。执行居民用水价格的行政机关、部门、医院、学校等用水按 3.40 元/m^3 价格执行。

根据尾水导流工程尾水资源化利用效益分析模型,计算江都区尾水导流工程尾水资源化利用每年节约的总成本如下:

江都区近期尾水导流工程尾水资源化利用每年节约的总成本＝560×(3.40－1.00)＋240×(3.53－1.00)＝1 951.2 万元;

江都区远期尾水导流工程尾水资源化利用每年节约的总成本＝620×(3.40－1.00)＋380×(3.53－1.00)＝2 449.4 万元。

第六章
研究结论及优化建议

第一节　尾水导流工程环境影响总体效益

一、徐州市尾水导流工程环境效益总体评价

结合实际调研分析,截至 2016 年 6 月底,徐州市尾水导流工程对南水北调干线受水区水质的影响为 20 632.65 万元,影响干线受水区居民生活质量的效益为 385 037.89 万元,对尾水导出区域生态及社会环境影响为 37 447.83 万元,对尾水排入区域生态及社会环境影响为 -3 774.54 万元,徐州市尾水导流工程尾水资源化利用效益为 44 873.77 万元,损益合计 484 217.60 万元。

具体见表 6-1 所示。

表 6-1　徐州市尾水导流工程环境效益总体评价　　　　　　　　单位:万元

年份 项目	2011 年	2012 年	2013 年	2014 年	2015 年	2016 年	合计
对南水北调受水区干线水质影响效益	2 947.52	3 930.03	3 930.03	3 930.03	3 930.03	1 965.01	20 632.65
对南水北调受水区干线社会影响效益	55 005.41	73 340.55	73 340.55	73 340.55	73 340.55	36 670.28	385 037.89
对尾水导出区域生态及社会环境影响效益	5 349.69	7 132.92	7 132.92	7 132.92	7 132.92	3 566.46	37 447.83
对尾水排入区域生态及社会环境影响效益	-539.22	-718.96	-718.96	-718.96	-718.96	-359.48	-3 774.54
尾水资源化利用效益	7 011.52	8 413.83	8 413.83	8 413.83	8 413.83	4 206.92	44 873.77
合计	69 774.92	92 098.37	92 098.37	92 098.37	92 098.37	46 049.19	484 217.60

二、宿迁市尾水导流工程环境效益总体评价

结合实际调研分析,截至 2016 年 6 月底,宿迁市尾水导流工程对南水北调干线受水区水质影响效益为 946.16 万元,影响干线受水区居民生活质量的效益为 198 974.80 万元,对尾水导出区域生态及社会环境影响效益为 26 484.01 万元,对尾水排入区域生态及社会环境影响效益为 -3 498.66 万元,效益合计 222 906.31 万元。

具体数据见表 6-2 所示。

表 6-2　宿迁市尾水导流工程环境效益总体评价　　　　　单位:万元

项目 ＼ 年份	2011 年	2012 年	2013 年	2014 年	2015 年	2016 年	合计
对南水北调受水区干线水质影响效益	57.61	212.85	204.60	188.06	188.86	94.18	946.16
对南水北调受水区干线社会影响效益	13 722.40	41 167.20	41 167.20	41 167.20	41 167.20	20 583.60	198 974.80
对尾水导出区域生态及社会环境影响效益	1 826.48	5 479.45	5 479.45	5 479.45	5 479.45	2 739.73	26 484.01
对尾水排入区域生态及社会环境影响效益	-241.29	-723.86	-723.86	-723.86	-723.86	-361.93	-3 498.66
尾水资源化利用效益	—	—	—	—	—	—	0.00
合计	15 365.20	46 135.64	46 127.39	46 110.85	46 111.65	23 055.58	222 906.31

三、淮安市尾水导流工程环境效益总体评价

结合实际调研分析,截至 2016 年 6 月底,淮安市尾水导流工程对南水北调干线受水区水质影响效益为 14 185.71 万元,影响干线受水区居民生活质量的效益为 226 835.68 万元,对尾水导出区域生态及社会环境影响效益为 18 829.80 万元,对尾水排入区域生态及社会环境影响效益为 -9 395.93 万元,效益合计 250 455.26 万元。

具体见表 6-3 所示。

表 6-3　淮安市尾水导流工程环境效益总体评价　　　　　单位:万元

项目 ＼ 年份	2011 年	2012 年	2013 年	2014 年	2015 年	2016 年	合计
对南水北调受水区干线水质影响效益	2 820.62	2 820.62	2 892.99	1 420.55	2 820.62	1 410.31	14 185.71
对南水北调受水区干线社会影响效益	41 242.85	41 242.85	41 242.85	41 242.85	41 242.85	20 621.43	226 835.68
对尾水导出区域生态及社会环境影响效益	3 423.60	3 423.60	3 423.60	3 423.60	3 423.60	1 711.80	18 829.80
对尾水排入区域生态及社会环境影响效益	-1 708.35	-1 708.35	-1 708.35	-1 708.35	-1 708.35	-854.18	-9 395.93

续表

项目 ＼ 年份	2011 年	2012 年	2013 年	2014 年	2015 年	2016 年	合计
尾水资源化利用效益	—	—	—	—	—	—	0.00
合计	45 778.72	45 778.72	45 851.09	44 378.65	45 778.72	22 889.36	250 455.26

四、江都区尾水导流工程环境效益总体评价

结合实际调研分析,截至 2016 年 6 月底,江都区尾水导流工程对南水北调干线受水区水质影响效益为 1 493.02 万元,影响江都区干线受水区居民生活质量的效益为 39 711.79 万元/年,对尾水导出区域生态及社会环境影响效益为 7 078.61 万元/年,对尾水排入区域生态及社会环境影响效益为－1 834.85 万元/年,效益合计 46 448.57 万元。

具体见表 6-4 所示。

表 6-4 江都区尾水导流工程环境效益总体评价 单位:万元

项目 ＼ 年份	2011	2011 年	2012 年	2013 年	2014 年	2015 年	2016 年	合计
对南水北调受水区干线水质影响效益	271.81	263.42	311.71	171.26	226.81	168.59	79.42	1 493.02
对南水北调受水区干线社会影响效益	5 673.11	6 188.85	6 188.85	6 188.85	6 188.85	6 188.85	3 094.43	39 711.79
对尾水导出区域生态及社会环境影响效益	1 011.23	1 103.16	1 103.16	1 103.16	1 103.16	1 103.16	551.58	7 078.61
对尾水排入区域生态及社会环境影响效益	－262.12	－285.95	－285.95	－285.95	－285.95	－285.95	－142.98	－1 834.85
尾水资源化利用效益	—	—	—	—	—	—	—	0.00
合计	6 694.03	7 269.48	7 317.77	7 177.32	7 232.87	7 174.65	3 582.45	46 448.57

第二节 研究结论

本书主要针对江苏省南水北调尾水导流工程对输水干线水质改善及区域环境影响的效益进行了研究,得出如下研究结论:

一、尾水导流工程对输水干线水质改善及区域环境的影响较大,且工程效益显著

（一）尾水导流工程对南水北调干线受水区水质改善及社会环境的有利影响

1. 尾水导流工程有利于南水北调干线受水区水质改善。工程实施后,尾水导流工程目前每天截水导走量比较稳定,干线各断面水质达标率逐渐上升且趋于稳定。

2. 输水干线水质改善保障了南水北调干线受水区居民生活、工业、农业用水。尾水导流工程的建设及实施,对于确保南水北调水质持续稳定优于Ⅲ类水标准,对确保全线水质达到Ⅲ类水标准至关重要。尾水导流工程实施后水质的改善使得南水北调干线受水区居民生活用水质量提高,居民健康水平和生活质量也因此得到改善。在确保南水北调受水区工业用水量的同时,在一定程度上也提高了南水北调干线沿线企业工业用水的水质,从而缓解了水源不足对经济发展的制约,并使得工业企业对其用水的再处理费用降低,提高机器设备使用效率及生产产品的质量,具有一定的经济效益。工程的实施同样也使得沿线农业用水水质得到改善,使用水质改善后的水源灌溉农田有利于农作物的生长发育,降低水源中有害物质污染土地及农作物的风险,从而使农作物的产量和质量得到提高,保障居民健康。

3. 尾水导流工程有利于提高干线受水区居民的生活质量。一方面,工程建设确保为南水北调工程干线受水区居民提供清洁、充足的饮用水等,缓解受水区居民用水、工业用水及农业用水匮乏的困难,有利于提高受水区居民的生活水平;另一方面,工程建设促进南水北调工程东线水质改善,改善输水干线沿线生态环境,提高了区域水环境容量和承载能力。对于受水区居民而言,改善了当地居民的居住环境,提高了居民的休闲生活质量,提升了居民的生活满意度。

4. 尾水导流工程有利于改善干线受水区居民身体健康。工程的实施,在改善干线水质的同时,有利于间接改善受水区居民身体的健康状况。根据问卷调查可知,绝大多数的被调查者认为尾水导流工程的实施改善了当地周边的水环境质量,并且认为南水北调输水干线水质的好坏会影响其身体健康状况。

5. 尾水导流工程对干线受水区居民心理产生有利影响。尾水导流工程的建设确保了清水利用的同时,也改善了受水区水环境,增加了环境容量,对于当地经济社会可持续发展将起到积极的推动作用。水质的改善,提高了受水区居民对南水北调水的认可度,绝大多数居民对南水北调水质改善效果表示满意,愿意使用南水北调水,支持南水北调工程的建设。

6. 尾水导流工程有利于提高干线受水区居民的环境意识。尾水导流工程建设的过

程,也是政府加强环境保护政策的宣传,开展环保工作的过程。政府环境保护工作宣传力度加大,居民充分意识到环境保护的迫切性,对于政府环保宣传活动的参与度与支持度也大大提高。经过污水处理及环境整治工程的进展,水质及生态环境逐渐好转,促进环境意识提升,受水区居民环境行为积极主动。

(二)尾水导流工程对尾水导出区域生态及社会环境的有利影响

1. 尾水导流工程有利于改善尾水导出区域生态环境。本工程实施前,尾水导出区域的水质超标严重,对当地生态环境产生了恶劣的影响。本工程实施后,对生态环境的影响主要表现为改善水质,改善水生生物的生存环境,有利于水生动植物的生长发育。

2. 尾水导流工程有利于提升尾水导出区域居民生活污水排放意识。尾水导流工程的建设增强了尾水导出区域居民的环境保护意识,居民能感觉到环境问题的严重性和进行环境保护的迫切性。当发生有损于环境保护的现象时,居民面对损害环境行为的态度愈发明确。随着居民污水排放意识的增强,居民循环用水与节约用水意识逐渐提升。此外,越来越多的人关注身边的污染事件,主动向相关部门反映企业排污情况。

3. 尾水导流工程有利于提高尾水导出区域居民生活垃圾分类意识。尾水导流工程的实施使得居民垃圾分类意识日渐加强,一方面,更多的居民养成了垃圾分类丢弃的习惯,这将降低垃圾处理厂进行垃圾再分类的成本;另一方面,居民垃圾分类行为的改变还将减少由于分类不合理导致垃圾处理过程中的环境破坏,有利于可回收垃圾的再利用。

4. 尾水导流工程提高了尾水导出区域居民的绿色消费意识。居民绿色消费意识在尾水导流工程实施前后的变化可以反映事件对居民关于绿色食品和绿色消费反思的触动程度。居民绿色消费意识的增强引导其绿色消费行为的增加,绿色消费的增加,一方面有利于减少居民日常生活污水排放中氮磷等营养物质的含量,另一方面有利于减少居民日常生活垃圾中非绿色产品产生的有害物质对环境的影响。根据问卷调查结果,在工程实施后居民环保购物意识日渐增强,更加重视与注重购买环境标志产品,一次性用品使用频率降低。

5. 尾水导流工程反映出尾水导出区域居民具有一定的环境保护支付意愿。环境保护支付意愿不仅体现居民对环境问题关注的程度,而且是反映居民参与环境保护活动的主动性程度的重要指标。通过统计尾水导出区域居民环保支付意愿,部分被调查者为了保护目前的生活环境愿意支付一定的费用,但更多的居民认为环境保护工作应该由政府和污染企业承担。

(三)尾水导流工程对尾水排入区域生态及社会环境的影响

1. 尾水导流工程对尾水排入区生态环境影响较小。尾水对尾水排入区生态的影响主要表现在水质和水环境方面,在实际情况中,对于排入区生态影响较小,且经过一定的措施处理后可以基本消除。

2. 尾水导流工程对尾水排入区域居民生活质量负面影响较小。尾水导流工程实施对尾水排入区居民生活质量的影响表现在影响居民生活环境、影响居民休闲生活质量、影响周边水环境质量和影响周边饮用水卫生四个方面。大多数居民能明显感觉到生活环境正在逐渐改善,尾水导入对本区域居民休闲生活的影响较小。

3. 尾水导流工程对尾水排入区域居民身体健康影响程度较弱。当居民饮用水受到污染时,将会直接影响居民的身体健康;不达标排放的污水会影响尾水排入区的水质,从而影响水产品及农产品的质量,居民长期食用这些产品将会对身体健康产生不利影响。根据调研显示,尾水导流工程的实施对尾水排入区居民身体健康影响程度较小。

4. 尾水导流工程提升尾水排入区域居民的环境意识。尾水导流工程实施后,尾水排入区域的居民更加关注环境问题,加之政府治理措施的实施及环保知识的宣传,居民的环境意识得到较大幅度提升,在其自身能力范围内考虑为环境保护工作而努力。

5. 尾水导流工程对尾水排入区域环境居民心理产生一定的影响。尾水导流工程对尾水排入区域产生较大社会影响,其中对于居民心理的影响最为显著。随着工程的实施,居民对于水环境污染方面的信息了解得越来越多,当他们意识到水环境污染的危害时,其心理也会发生一系列的变化,部分被调查者表示工程的实施在一定程度影响到他们的环境安全感。对于尾水排入区域的当地居民来说,由于今后的生活质量可能受到一定的影响,居民通过初级评价认识到该事件的严重性,担心水产品是否能正常食用,严重影响当地居民日常的生产和生活;再通过次级评价,感觉凭借一己之力根本无法解决,产生了面对环境危机无能为力的无力感和无助感,从而产生了恐惧感。居民除了具有恐惧心理之外,也存在焦虑心理。区域环境质量的改变影响居民日常生产和生活,居民产生着急、担心的情绪。当意识到工程对自己及后辈可能产生久远的影响时,此时居民焦虑心理加重。当尾水导流工程实施时,面对水质变差的事实,当地居民感到自身的生产、生活受到威胁,饮食安全乃至生命安全受到挑战,因此产生了紧张的情绪。尾水导流工程的实施对居民造成心理困扰,在一定程度上影响了居民的睡眠质量,从而间接威胁到居民的生活质量。

二、尾水导流工程对输水干线水质改善及区域环境的影响可用货币进行衡量

(一)尾水导流工程对南水北调干线受水区水质改善及社会影响的效益较大

尾水导流工程对南水北调干线受水区水质改善及居民生活质量的提高具有重要意义。江苏省南水北调尾水导流工程的实施,不仅具有直接改善南水北调输水干线水质的作用,更重要的是对提高南水北调干线受水区居民对于"南水"的心理接受程度、改善南

水北调干线受水区居民生活质量、改善受水区沿线环境等具有重要作用。

截止到 2016 年 6 月底,徐州市尾水导流工程对南水北调干线受水区水质改善及社会环境影响效益为 405 670.54 万元,宿迁市为 199 920.96 万元,淮安市为 241 021.39 万元,江都区为 41 204.81 万元。

(二)尾水导流工程对尾水导出区域的生态及社会环境影响的效益较大

尾水导流工程实施前,该区域的水质超标严重,对当地生态环境产生了恶劣的影响。工程实施后,对生态环境的影响主要表现为改善水质,有利于水生动物的生长发育。此外,尾水导流工程的实施对尾水导出区域社会环境影响主要表现为影响居民的环境意识,具体为对居民的生活污水排放意识、生活垃圾分类意识、绿色消费意识、环境保护支付意愿等方面产生的影响。

截止到 2016 年 6 月底,徐州市尾水导流工程对尾水导出区域生态及社会环境影响效益为 37 447.83 万元,宿迁市为 26 484.01 万元,淮安市为 18 829.80 万元,江都区为 7 078.61 万元。

(三)尾水导流工程对尾水排入区域的生态及社会环境的影响体现了居民较强的支付意愿

尾水导流工程对尾水排入区域的生态及社会环境将产生一定不利影响,但经过一系列措施处理后可基本消除。本研究运用恢复费用法、意愿调查法等方法,分析计算可得徐州市尾水导流工程对尾水排入区域生态及社会环境影响为 -3 774.54 万元,宿迁市为 -3 498.66 万元,淮安市为 -9 395.93 万元,江都区为 -1 834.85 万元。

(四)尾水资源化程度不高

尾水导流工程的尾水可进行资源化利用,将产生一系列效益。经调研,目前仅有徐州市存在尾水资源化利用情况。徐州市尾水主要用于工业用水、市政用水、生态用水及污水处理厂自用,本研究采用成本法分析计算可得徐州市尾水导流工程尾水资源化利用效益为 44 873.76 万元。

(五)江苏省南水北调尾水导流工程的实施具有巨大的效益

综上分析,从尾水导流工程项目实施到 2016 年 6 月底为止,江苏省南水北调尾水导流工程实施产生的环境经济效益为 1 004 027.74 万元。其中,对南水北调干线受水区水质改善及社会环境影响效益为 887 817.69 万元,对尾水导出区域生态及社会环境影响效益为 89 840.25 万元,对尾水排入区域生态及社会环境影响损失为 18 503.97 万元,尾水资源化利用效益为 44 873.76 万元。具体见表 6-5 所示。

表 6-5　尾水导流工程环境损益总体评价　　　　　　　　单位:万元

项目＼年份	2011 年	2011 年	2012 年	2013 年	2014 年	2015 年	2016 年	合计
对南水北调受水区干线水质改善及社会环境影响效益	5 944.92	122 248.68	169 214.66	169 138.33	167 704.90	169 047.55	84 518.65	887 817.69
对尾水导出区域生态及社会环境影响效益	1 011.23	11 702.93	17 139.13	17 139.13	17 139.13	17 139.13	8 569.57	89 840.25
对尾水排入区域生态及社会环境影响效益	−262.12	−2 774.81	−3 437.12	−3 437.12	−3 437.12	−3 437.12	−1 718.56	−18 503.97
尾水资源化利用效益	—	7 011.52	8 413.83	8 413.83	8 413.83	8 413.83	4 206.92	44 873.76
合计	6 694.03	138 188.32	191 330.50	191 254.17	189 820.74	191 163.39	95 576.58	1 004 027.74

第三节　现行尾水导流工程运行管理优化方案

通过以上分析可知,虽然南水北调各尾水导流工程管理及运行状况总体良好,确保了尾水导流工程的安全运行,极大改善了南水北调干线的水质,但距离最优还有一定的改善空间,为此,本书编写组经研究提出以下建议:

一、加强水质监测,严格执行水质检测标准

水污染是工程运行中主要面临的环境问题,在后续运行管理中需严格执行水质检测标准,按规定的检测项目进行监测分析,增加水质化验巡检次数和抽检次数,确保水质合格达标,以减少水污染对生态环境造成的负面影响。在尾水导流工程运行过程中应注意把治污、生态环境保护与尾水导流工程建设有机结合起来,统筹兼顾,明确责任,确保南水北调工程输水目标的实现,为保障受水区可持续发展奠定良好基础。

二、建立健全水质风险预警联动机制及事故应急预案,加强风险管理工作

尾水导流工程的运行与南水北调东线工程受水区的供水安全密切相关。在工程运行过程中,应确保设备的安全使用,按规定进行设备维修、保养、更换易损及老化部件,实时监测沿线管道尾水达标排放。

1. 建立健全水质预警-联动机制

加强水质监测,建立健全南水北调干线水质安全预警-联动管理制度。南水北调干线水质稳定是确保江苏、山东,甚至京津广大地区生产、生活正常运行的重要基础,因此加强对水质进行预警-联动管理的重要性不言而喻。作为水质预警-联动机制,应做到以下方面:

(1)建构多级联动检测及管理制度,包括一级水源地仪表仪器检测,二级为快速检测,三级为实验室精准测试,实现特殊情况下确保水质的及时、精准判断。

(2)定期南水北调干线、尾水导流工程沿线的巡查工作,并加强与相关单位合作,以掌握水质的变化情况。

(3)深入研究工程运行期的主要风险,分析各风险对水质可能产生的影响,做好风险预测、风险决策和风险控制工作,从各个环节确保南水北调工程干线水质。

2. 建立健全事故应急预案

制定严格、合理、可行的事故应急预案,以有效预防、及时控制和妥善处理干线水质安全突发事件,提高快速反应和应急处理能力,切实确保干线水质的安全。如徐州市尾水导流工程大部分尾水河道与沿线地区排涝河道大多为平交,当尾水河道水位较高时,尾水流入各相交河渠,既给沿线河渠水环境带来影响,而且各支渠最终排入中运河、骆马湖,又对输水干线水质造成影响。根据自动监控或监测报告,一旦发现水质指标不符合要求,应立即进行排查,采取有效的解决措施。

事故应急预案内容主要应包括:(1)成立事件应急处置工作领导小组,包括政府各相关部门。(2)明确各相关部门职责,并将职责分解,落实到个人。(3)明确信息报告人,成立综合协调组、应急处理组、后勤保障组、疫情监测组、健康教育组,并明确规定各小组人员职责。其中,综合协调组负责监管管理协调各部门之间的工作,安排现场的检查、事件原因的调查以及事件的善后工作等。(4)若在生产和供水过程中发生水污染事故时,应加强与卫生行政机构的联络,同时采取措施控制污染。污染严重水质无法改善时应停止供水。(5)水污染事故发生后,卫生监督人员应迅速到达出事现场,并作为水污染事故现场的组织者和指挥者立即组织医务人员对患者进行抢救和治疗。同时组织有关人员对污染源、污染环节和供水范围内的人员进行流行病学调查工作。

建立健全的水质风险预警机制及事故应急预案,可提高水环境监测及水质监管能力,有效应对突发水环境事件,确保南水北调干线水质安全和水环境的持续好转。

三、构建水环境监测信息共享平台,确保尾水检测与干线水质监督信息共享

作为控制尾水水质和尾水准入的手段,睢宁、新沂、宿迁等截污导流工程均配套建设了水质检测设施,实时动态监测尾水排放数据,以确保尾水导流工程的正常运行。

但部分地区,如徐州、淮安、江都等地南水北调尾水水质和干线水质监测由各地区环保局负责,尾水导流工程运行管理单位(各建设管理处、水利局等)并无法获知尾水及南水北调干线水质监测数据。因此,对于水质监测及监督职责划分不合理,尾水导流管理单位无法充分发挥尾水监测职能,制约着尾水导流管理单位的正常运转,不利于相关管理单位健康发展。

建议构建水利管理部门与环保部门关于水质信息的共享机制,实现环保监测的尾水排放水质与南水北调干线水质实时监测数据与水利系统的信息共享。信息共享机制的建设应注重以下方面:

(1)加强环保部门与水利部门的沟通合作。确定信息共享机制的内容,应包括常规检测、危险源数据、环境条件信息、环境合作与管理信息、事故信息等。(2)确定信息共享的基本思路。水环境信息共享平台应该由构建需求、组织管理、信息资源、共享规则和共享技术五要素组成,它们之间存在着主控及相互依存、关联、制约的关系,应进行合理的、切合实际的设计。(3)建设水环境信息传递方式。可以通过网络等途径,并实现信息的系统化管理,以方便将信息和其他部门共享,实现信息流安全有序地流动。(4)制定水环境信息共享制度。包括同步共享、定期交流等,确立多渠道的、快捷的、纵横协调的信息通报制度。

建设水环境信息共享制度,形成环保部门与水利部门,甚至是跨区域部门间水环境信息的互通有无、长期稳定的环境信息交互沟通协作模式,可以增强水利部门与环保部门对于水质监测的力度与反应速度,提高工程运行管理效率,确保尾水与干线水质;可以减缓跨界重大环境污染事件,增强区域环境监管应急能力;开放基础信息数据库、鼓励公众参与生态环境保护和建设,对于扩大公众对环境问题的知情权和参与权具有重要的现实意义,是实现流域水环境管理的重要信息保障。

四、加大地方工程运行管理经费支出,解决资金短缺问题

尾水导流工程从根本上解决了尾水出路问题,对于改善水环境、改善部分地区人民群众的生产生活条件、促进工程沿线地区发展意义重大;在统筹区域发展、经济社会发展、人与自然和谐发展中发挥重要作用。

尾水导流工程管理单位属纯公益性事业单位,除财务补助资金外没有其他资金来源,部分地区每年工程设施的维修养护资金严重不足,影响工程设施的安全运行,需相关部门按年度预算增加运行经费。

鉴于尾水导流工程对于确保南水北调干线水质、改善区域水环境的重要作用,各地各部门应高度重视,尽快对其作出进一步承诺,以便于相关部门各司其职,同时也便于财政部门核定年度运行养护经费,确保尾水导流工程的正常运转和效益的正常发挥。

五、提高尾水资源化利用水平,合理安排不同时期工程导流量

在工程运行过程中尽可能实现尾水资源化利用,在加强污水治理的同时,提高污水

再生利用率和农业灌溉用水率,提高水资源的利用水平,从首尾两端,强化治污效果。在后续运行管理中可以考虑引进先进的污水处理技术,同时完善相应技术的设备配置,保证处理后的尾水水质达到农业灌溉和工业用水要求,以提高尾水回用规模。目前尾水主要用于农业灌溉,可以考虑制定相关优惠政策,积极鼓励企业回用尾水,那么尾水的回用率也将会提高。

在实现尾水资源化利用的基础上,确定尾水导流系统的导流量。合理安排南水北调运行期、灌溉期、汛期不同时期的工程导流量。在南水北调调水期、非降雨时,在保证尾水导流工程正常运行的情况下,尾水通过导流系统进行导流。在降雨时及尾水导流工程满负荷运行时、尾水无法导入时,则利用河道进行调蓄,尽可能减少尾水外导量。

六、进一步发挥尾水导流工程效益

通过调研分析,目前开工运行的尾水导流工程并未达到设计流量,实际输送尾水规模低于工程设计流量,除淮安市尾水导流工程建成后纳入市政管网共同管理,与市政其他管网共同发挥作用外,其他各地区尾水导流工程效益并未完全发挥,未达到各地工程的设计导流规模,具体分析如下:

徐州尾水导流工程的导流规模达标情况见第三章中表 3.1 所示,徐州市尾水导流工程自运行以来,实现年导流尾水量 12 556.00 万吨,低于污水处理厂的设计日排放量,占设计排放量的 79.54%。

新沂尾水导流工程设计规模为 13.90 万吨/天,设计流量为 1.61 m^3/s,但实际导流量为 5~6 万吨/天,不足设计流量的 50%。且工程 2014 年 10 月运行后,2015 年因配套污水处理厂处理能力不达标,尾水水质情况未检测,于 2016 年正式开始进行尾水水质检测。

睢宁尾水资源化利用及导流工程设计规模为 4.00 万吨/天,但截止调研日期 2016 年 6 月,工程尚未正式开工运行。

宿迁市尾水导流工程目前每天截水导走量比较稳定,为 3.5 万吨/天,低于规划的 7 万吨/天的设计规模,实际导流量为设计规模的 50%。

江都段尾水导流工程设计输水规模为日输送尾水 4 万吨,但经调研可知,实际尾水导流量约为 3.2~3.5 万吨/天,约达到设计规模的 80%~87.5%。

基于以上数据可知,各地区尾水导流工程实际尾水导流量均未达到工程设计规模,各地区导流工程效益未完全发挥。而尾水导流规模未达到设计规模的原因主要在于各地区治污滞后,管网建设等配套设施未健全,部分污水未完全收集。建议尾水导流工程运行管理过程中,同时加强配套管网建设工作,尤其提高农村生活污水收集率,促进尾水导流工程效益的进一步发挥。

第四节　后续工程建设建议

尾水导流工程的实施，不仅能够保证南水北调调水水质的稳定达标，而且对改善区域水环境、增加环境容量，促进区域经济社会可持续发展起到积极的推动作用。但是现有的尾水导流工程效益的充分发挥，仍需相关配套工程、环境综合治理工程及后续尾水导流工程的配合实施，基于此，本书研究提出以下建议：

一、逐步消除工程环境风险，完善输水工程建设

工程的建设实施及运行开展必然会对生态与环境造成各种复杂的影响，既有有利的一面，也有不利的一面，在尾水导流工程的建设过程中尤其需关注工程建设对饮用水水质产生的隐患。如徐州市尾水导流工程采用明渠运送污水，沿骆马湖经大马庄涵洞尾水最终排入新沂河，而骆马湖是徐州市重要的供水水源地，一旦雨季时节雨量大明渠溢出，污水溢入骆马湖，容易对骆马湖水质造成污染，甚至影响徐州市区的供水安全。因此，后续工程应加强水质监控并进一步加强工程的优化设计，以消除污水污染隐患。

二、加大重点区域治污工程建设力度，进一步提高水质达标率

不同功能区水质目标存在差异，部分断面水质未能符合水质功能区划要求。为保障和改善南水北调干线水质，保证沿线水环境可持续发展。根据工程治污工作的特点和不同功能区水质要求，按照区域内各城镇对输水干线水质影响程度和范围的不同，结合工程建设进度要求，划定重点治污区域和控制单元，在后续工程建设中优先实施重点区域治污项目，加大重点区域治污力度，确保各功能区水质均能达标。区域治污需要采取综合措施：

实施工业结构调整，推行企业绿色生产。调整产业结构，降低第一产业比重，提高第二三产业比重，加快转变经济增长方式，依法淘汰破坏资源、污染环境、不具备清洁生产条件的企业，尤其加强对污染企业的限期治理、停车整顿及取缔关闭等措施。实施污染物总量核定制度，推动工业污染治理，着重推进对高污染、高耗能行业进行结构调整，以削减污染物排放量，降低资源消耗。

实施农业面源污染控制及生态保护。建设生态工程，利用以沼气发酵为主的能源生态工程畜禽养殖场粪便生物氧化塘多级利用生态工程，农业残留物饲料化利用、肥料利用和食用菌养殖生态工程及工业利用工程等，对畜禽粪便和农作物秸秆等农业生产残留物污染进行控制。

实施水产养殖污染控制工程，进行湖区功能规划，实行水产养殖总量控制；限量发展

并逐步取消湖面网箱养鱼和网围养鱼方式等;控制水体养殖强度和物料投入水平,提高湖泊生态系统的自净能力;加强监督管理,已发查处渔业污染事故。实施码头、船闸和航道污染控制工程。实施湖滨污染源控制与污水处理和生态防护工程。

进一步加快基础设施建设,全面加强污染治理和生态修复。包括:进一步加强环境综合整治、脱硫、脱硝、除尘、油气治理、锅炉整治等环保整治专项,降低煤炭电等能源使用量;进一步完善各类工业开发区、集中区的污水处理和集中供热设施,提高城市和县城生活污水处理率;加强建制镇、农村污水处理设施建设,促进城乡垃圾基本实现无害化处理;高度重视污水处理厂污泥处置设施建设,提高污泥安全处置率。

三、完善污水收集管网,加强配套工程建设

根据各地水质监测数据显示,南水北调输水干线部分断面水质已长期持续稳定的达标。但经第二章分析可知,截至调研日期 2016 年 6 月,除淮安尾水导流工程外,其他各地:徐州、新沂、睢宁、宿迁、江都段尾水导流工程实际导流量均低于工程设计导流量,主要原因在于农村地区污水配套管网等基础设施建设力度不够,农村污水收集率不高。

当前,城市污水的污染负荷随着城市化进程的推进而越来越大,尤其是农村地区,在城市化进程中不仅存在原本的农业面源污染问题,还要面对新出现的城市污水问题。且随着经济的发展,经济总量不断上升,单位面积经济增量显著增加,这将导致污染物持续增多将对沿线生态环境产生较大的压力。随着城市规模扩大、人口增多,未处理的污水量仍然非常大。如果不能合理收集、处理污水,输水干线水质将受影响。

因此,为确保尾水导流工程效益的稳定发挥,稳固南水北调干线水质,应加强以下配套设施的建设:

1. 完善城镇及农村污水收集处理系统。随着经济的发展和城镇化进程的加快,大部分城镇污水收集处理系统尚需完善。目前存在的主要问题有:管网收集污水率不高;污水处理厂规模偏小,处理标准较低,仅为一级 B,因此应加强污水处理厂及配套管网铺设工作,并增加氮、磷脱除功能,加强其提标改造工作,提升污水处理标准。

2. 完善尾水生态处理资源化工程及回用工程。为满足调水干线导出区的水体功能要求,因地制宜地建设尾水生态化处理工程,建设尾水回用等水利配套工程(如扬水站、提升泵站等),实现水资源的有效回用,一方面经过尾水排入区的生态治理,提高当地生态环境质量;另一方面可以充分利用有限的水资源,减少入河、入湖排污量,减轻水体污染,达到化害为利的目的。

3. 完善城镇排水系统,提高污水处理程度,努力促进水的健康循环。部分城区污水处理厂及大部分乡镇污水处理厂存在不连续运行的现象,应切实加强污水处理厂运行监管工作,完善城镇排水系统,实现水的健康循环。

此外,还应进一步完善污水处理费征收标准和再生水价格调整机制,并适时调整水价,运用市场手段,促进水资源保护工作的开展。

综上,应加强污水收集管网及配套处理设施以及综合整治工程等项目的建设,兴建提升泵站、污水处理厂,提高污水集中收集处理率、增大输送尾水规模以及中水回用量,以确保尾水导流工程建设效益长期稳定发挥。

四、优水优用,加强生活、工业及农业多套管网供水系统建设

优水优用,优化调用各类水源,实现环境良性循环,形成分质分管道供水系统。可考虑三级饮用水的标准,即优质水(可直接饮用,主要水质指标如大肠杆菌、细菌总数、重金属及有毒元素为零)、普通水(达到生活饮用水标准)和洗涤水(满足基本的冲刷、洗菜功能),铺设两条管线,分别输送优质水和洗涤水。

根据南水北调输水干线不同区域对不同水质水的需求差异,后续工程建设需注意将生活用水与其他用水分管道输配,扩大再生污水回用水量,修建一定规模的再生水输配水管道系统,逐渐形成生活用水、工业用水、农业用水等多套管网供水系统,以实现优水优用,合理利用优质水资源,为保障沿线经济社会的可持续发展奠定良好基础。

五、工程的效益显著,建议继续实施及扩建

尾水导流一期工程的实施效益显著,具有明显的生态效益和社会效益。该工程不仅直接改善南水北调输水干线水质,对打造输水干线"清水廊道"具有重要意义,而且对提高南水北调干线受水区居民对于"南水"的心理接受程度,改善南水北调干线居民生活质量、改善沿线区域生态环境等具有重要作用。因此,建议尾水导流工程能够继续实施及扩建,经调研,需完善及扩建的尾水导流工程主要包括以下方面:

1. 徐州尾水导流工程。(1)一期工程徐州市尾水导流工程将屯头河、老不牢河作为尾水导流通道,不满足贾汪区水源地保护、城市生态环境等要求,迫切需要建设徐州市贾汪区尾水导流专线工程;(2)大部分尾水河道与沿线地区排涝河道大多为平交,尾水输送河道未能全封闭,尾水流入各相交河渠,既给沿线水环境带来影响,而且各支渠最终排入中运河、骆马湖,又对输水干线水质造成影响,影响输水干线水质达标情况。

2. 新沂、睢宁尾水导流工程。新沂的无锡—新沂工业园区污水处理厂尚未纳入新沂尾水导流工程,睢宁创源污水处理厂,尚未纳入睢宁尾水导流工程,因此新沂、睢宁尾水导流工程需进一步完善。且新沂河尾水通道现状规模小,导致向连云港送水的沭新河、叮当河、盐河经常受到污染,南水北调徐州、宿迁等尾水导流排入新沂河,加重了新沂河污染,因此需实施新沂河尾水通道扩建完善工程。

3. 宿迁尾水导流工程。随着宿迁市城市规模的扩大、经济的发展、污水处理设施的不断完善,尾水导流一期工程规模偏小,需要扩建完善。

4. 江都尾水导流工程。尾水导流工程一期日处理污水 4 万吨,目前江都区污水处理厂已按 8 万吨规模扩建完成,需对截污导流工程按日处理 8 万吨规模进行二期扩容建设。

第五节　研究展望

本书尝试对南水北调尾水导流工程的环境经济效益进行货币计量研究,把环境会计、环境经济核算及社会学理论与方法纳入环境治理工程的经济效益评价中。但目前环境工程建设影响的经济损益研究还处于起步阶段,完善环境影响的经济损益计量理论与方法是一项长期而艰巨的任务,还有很多亟待研究的课题。

(1)加强环境影响损益的基础研究。环境工程经济损益的研究,需要经过对大量基础数据的观测、试验、统计及分析,才能不断提高环境工程效益核算的准确性。

(2)进一步探讨社会学的理论方法在环境工程经济损益评价中的应用。社会系统是一个复杂得多主体系统,环境工程的社会影响广泛而复杂,由于现有技术条件的限制,环境治理工程对居民心理、生活质量、环境意识等影响的深度、范围难以界定,计量难度很大,后续需要进一步改进与探索。

(3)进一步深入影响尾水导流工程环境经济损益影响的贡献率。环境整治工程是系统工程,包括水环境治理、管网布设、污水处理厂及集中固废危废处置点的建设等,尾水导流工程仅仅是环境整治工程体系的一部分。环境效益是各工程长期相互作用的结果,而各工程间作用机理复杂、耦合关系难以确定,目前难以界定尾水导流工程环境影响的贡献率,建议可进一步深入探索并厘清各系统工程效益。

(4)进一步研究环境工程完整的经济后评价理论与方法。本书仅仅对尾水导流工程的环境经济效益进行分析,对于环境工程的后评价还包括工程投入、运行管理等方面的评价,需要进行进一步的后评价研究。

(5)进一步探索尾水导流工程建设及运营给区域及地区环境容量带来的影响。尾水导流工程的建设可以提高各地区的环境容量,环境容量作为经济发展的重要制约条件,对区域及地区经济发展具有重要意义。

(6)进一步研究环境工程损益的理论与方法在其他工程中的应用。本书将工程损益的理论与方法应用于环境治理工程,后续可尝试将其应用于其他工程之中,为其他工程环境经济损益的货币化计量提供借鉴。